やさしく学ぶ

機械学習を理解するための

アヤノ&ミオと一緒に学ぶ
機械学習の理論と数学、実装まで

LINE Fukuoka株式会社
立石賢吾 著

◉ **本書のサポートサイト**
本書で掲載しているソースコードのダウンロードが可能なほか、補足情報、訂正情報などを掲載してあります。適宜ご参照ください。

http://book.mynavi.jp/supportsite/detail/9784839963521.html

はじめに

機械学習という単語が注目を浴びるようになって久しいですが、機械学習とは一体なんなのか、機械学習で何ができるのか、など興味をお持ちの方も多いと思います。機械学習をこれほどまでに賑わせた背景には様々なものがあると思いますが、いまや機械学習に特化した多くのライブラリが世界中の人々によって開発され、勉強のために便利な多種多様なデータセットも無料で手に入れることができる時代です。理論を知らずともライブラリとデータセットを用意して数行のコードを書くだけでそれらしいものを作ることができるようになりました。導入の敷居は確実に下がってきたと言えますし、実際に手を動かしてコーディングしながら機械学習の感覚をつかむことができます。

しかし、そうはいっても、得体の知れないブラックボックスを使い続ける気持ち悪さというものは当然あると思います。便利なライブラリによって、理論を知らずにプログラミングできるとはいえ、特にエンジニアであれば中身がわからないものを使うのは一定の怖さをともないます。そうやって機械学習の勉強をはじめてみたはいいものの、難しく感じて挫折してしまうことも少なくはないでしょう。

本書は、機械学習に興味を持ち始めて理論を勉強してみたいと思っているエンジニアを対象として、本書の登場人物であるプログラマのアヤノと友達のミオの会話を通じて機械学習の理論をやさしく紐解きながら一緒に勉強していきます。初心者向けの解説書には数式をなるべく登場させないように配慮されているものも多いかとは思いますが、本書では随所に数式が登場します。中には少し難しそうな式もありますが、アヤノとミオの会話のなかで自然と数式の意味を理解できるようになっていますし、高校数学を忘れている人でもきちんと復習できるように、本編とは別に数学の基礎知識を解説するための専用のページも設けていますので、あまり身構えずに安心して読み進めてみてください。

そうして本書で得た基礎知識があれば、様々な場面で応用が効くようになります。ライブラリの中身をより深く理解したり、自分で機械学習アルゴリズムを実装してみたり、最新の論文を読んでみたり、何をするかはあなたの自由です。さあ、アヤノとミオと一緒に機械学習を学ぶ旅へと出かけましょう。

謝辞

機械学習に関する研究や開発に尽力してくださっているすべての方々に感謝します。これまでの数多くの人々の貢献により機械学習が発展してきました。おかげで本書も存在することができています。LINE株式会社Data Labsの橋本泰一さん、GMOペパボ株式会社ペパボ研究所の三宅悠介さんには本書のレビューと貴重なアドバイスをいただきました。ここに感謝を申し上げます。本書の企画から完成まで、右も左もわからない筆者を、およそ半年間に渡って支援してくれた株式会社マイナビ出版の伊佐知子さんに感謝します。ありがとうございました。そして、私の執筆作業を最後まで応援し、支え続けてくれた最愛の妻と2人の子ども達に感謝の意を表するとともに、本書を捧げます。

2017年8月

立石賢吾

各章の概要

Chapter1　ふたりの旅のはじまり

機械学習がどうして注目を集めるようになってきているのか、また機械学習を使うと、どういうことができるのか、といった概要について説明しています。また、回帰、分類、クラスタリングといったアルゴリズムについて簡単に解説しています。

Chapter2　回帰について学ぼう 〜 広告費からクリック数を予測する

「広告にかける費用から、クリック数を予測する」を題材として、回帰について学びます。まずは予測するためにどんな式を導けばよいかをシンプルな例で考えて、それが求める結果に近づくようにするための方法を考えていきます。

Chapter3　分類について学ぼう 〜 画像サイズに基づいて分類する

「画像のサイズから、縦長と横長に分類する」を題材として、分類について学びます。
Chapter2と同様に、分類のためにどんな式を導けばよいかをまず考え、それを最適な結果に近づけるための方法を考えていきます。

Chapter4　評価してみよう 〜 作ったモデルを評価する

Chapter4では、Chapter2とChapter3で考えたモデルがどのくらい正しいかの精度を確認していきます。どのようにモデルを評価するのか、また、評価するための指標にはどんなものがあるのかについて学習します。

Chapter5　実装してみよう 〜 Pythonでプログラミングする

Chapter5では、Chapter2からChapter4までで学んだ内容を元に、Pythonでプログラミングをしていきます。ここまで数式で考えてきたことを、どのようにプログラミングしていけばいいかが分かります。

Appendix

Appendixには、Chapter1からChapter5までに入りきらなかった数学の解説を入れていますので、必要に応じて参照してください。
総和の記号・総乗の記号／微分／偏微分／合成関数／ベクトルと行列／幾何ベクトル／指数・対数／Python環境構築／Pythonの基本／NumPyの基本

Contents

やさしく学ぶ
機械学習を理解するための数学のきほん

Contents

Chapter 3

Chapter

4

Contents

やさしく学ぶ
機械学習を理解するための数学のきほん

Contents

登場人物紹介

アヤノ

会社の上司に言われて、機械学習について勉強中のプログラマ。
まじめだけど、ちょっとお調子者。お菓子が好きな24歳。

ミオ

アヤノの大学時代からの友人。大学の専攻はコンピュータービジョン。
アヤノに頼まれると嫌とは言えない。やっぱり甘いものが好き。

Chapter

1

ふたりの旅の始まり

アヤノがミオになにやら相談しているようです。
どうやら、上司に「機械学習を勉強しておいたほうがいい」
と言われたけれど、何をどう勉強すればいいかわからずに、
ミオに相談しにきたようです。
どんな話をしているのか、少し覗いてみましょう。

Section 1 機械学習への興味

機械学習やってみたいんだけど、そもそも何をどうすればいいのかまったくわからないんだ……。

それで私に相談？

うん。ミオは学生の頃に機械学習の研究してたよね。すごいな～って思いながら話を聞いてたのを思い出すよ。

実際はコンピュータービジョンの研究だけどね。その中で機械学習を使ったりしてたなあ。

コンピュータービジョンとか機械学習っていう単語だけで既に難しそうだよね……。それに機械学習の記事ってやたら数式が出てくるじゃない？ それがまた意味がわからなくて……。

確かに数式は多いよね。でも、機械学習の基礎程度なら1つ1つゆっくり意味を理解していけば、難しくないと思うよ。

ミオは数学も得意でしょ。だからこうやって相談したんだけど、私はそうでもないから……。日本語で説明してよねーって思う。

そもそも数式って、日本語で説明すると長くなってしまうものを、誰にでもわかるように厳密で簡潔に表現することができる便利な道具なんだけどな。

便利な道具だ、って思えるようになるくらい数学とお友達にならないといけないなあ。

ところで、アヤノは機械学習を使って何をしたいの？

えっ、ああ……会社の上司が、機械学習の勉強はしておいたほうがいいって。

会社で言われたんだね。その人がいろいろ教えてくれるわけじゃないの？

聞いてみたけど、たぶん詳しく知らないね。ただ機械学習って言いたいだけって感じがする……。

まず機械学習で何をやりたいのか、目的を考えることは大事なんだけどね……じゃあ、機械学習ってどういうところに使われていると思う？

うーん、よく聞くのは**スパムメールの判定**とか、**画像から顔を見つける**とか、**オンラインショップのレコメンド機能**とか。

なんだ、よく知ってるじゃん。

私もインターネットで検索するくらいはできますけど！ これでも少しは勉強し始めてるんだから。

さすが。じゃあ、事例はたくさん知ってそうだね。それ以外にも幅広い分野で様々に応用されてるよ。

そうそう。もうさ、機械学習があったら何でもできそうな気がするよね。夢が膨らむ〜。

機械学習のおかげで、今までできなかったことができるようになった事例はたくさんあるしね。でも、何でもできるっていうのは少し誤解があるかな。

あら、そうなの？ わりと制限あるのかな？

応用先は多いけど、万能なわけじゃないんだよ。機械学習はどこに適用できて、何ができて何ができないか、を理解することも大事。

機械学習が適用できない領域もあるってことね。ちょっと残念。

機械学習の勉強を始める前に、どうして機械学習が注目されるようになってきたのか、機械学習を使ったら実際にどういうことができるのか、そういう話をした方がよさそうね。

いいじゃん、それ面白そう！ ちょっとコーヒーとクッキーもってくるよ！

Section 2 機械学習の重要性

そもそもどうして機械学習がこんなに注目されるようになってきたの？（もぐもぐ）

実は機械学習の基礎的な理論やアルゴリズム自体は新しいものじゃないんだよ。

えー、そうなの？ 昔からあるんだ。

コンピューターって今も昔も反復処理が得意でしょ。だからたくさんのデータを読み込んで、そこからデータの特徴を学習してパターンを見つけるようなタスクは人間よりも効率的に処理できるの。こういうタスクをいわゆる**機械学習**とか**パターン認識**とか言うけど、それをコンピューターにまかせようっていう考えは昔からあって、たくさんの研究もあるし実装もされてきてるよ。

じゃあ、昔からいろんなことができてたんだ。意外だな……。

でもね、今はもっともっといろんなことができる。それは理論が進化してきたおかげでもあるけど、本当は、

- 大量のデータを収集できる環境が整ってきた
- 大量のデータを処理できる環境が整ってきた

という2つの発展のおかげだと私は思ってる。

たくさんのデータを集めて、たくさん学習させれば、いろんなことができるってことなのかな。

うーん、まあそうだね。機械学習で何かをやりたい時、まず最初に必要なのは**データ**。だって機械学習って、データから特徴やパターンを見つけるものなんだから。

何かすごいプログラムが１つあって、そいつにまかせれば何でもやってくれるっていうことじゃないんだね。

うん。だからデータを集めることは重要。

でもデータを収集できる環境が整ってきたってどういうこと？

インターネットの発展で個人の活動や生活の一部がデジタルに移っていったおかげで、本当に考えられないくらいたくさんのデータが生まれるようになったの。
そしてデータの量だけじゃなくて、データの種類も増えてきてる。Webサイトのアクセスログ、ブログの記事や写真の投稿、メールの送信履歴、ネットショッピングの購買履歴、他にもたくさん。インターネットのお陰で、そういうデータを簡単に大量に手に入れられるようになってきたんだよ。

そっか、私もよくネットで買い物するもんね。いまは当たり前だけど、昔はそうじゃなかったんだよね……。

さっきアヤノが機械学習の例に出した顔認識は、SNSで人物タグと一緒に投稿された画像データが使えると思うし、レコメンドに関してもオンラインショッピングの購買履歴が使えると思う。顔認識もレコメンドも、そういうデータから学習した成果なんだよ。

そういうことか〜。いままで機械学習のこと全然わかってなかった……

そして、最近はコンピューターの性能もあがってきていて、同じデータ量でも処理時間がどんどん短くなってきてる。ハードディスクやSSDのような記憶装置もどんどん安くなっていってるよね。

最近すごいよね。たくさん処理できればその分たくさん学習できて嬉しいってことかな。データもたくさんあることだし。

そうね。たくさん学習できることもあるけど、やっぱり嬉しいのは早く処理が終わることかな。数値計算をGPUにまかせたり、HadoopやSparkなんかの分散処理技術も発達してきていて、大量のデータを処理できる環境が整ってきたっていうのはそういうこと。

ようやく時代が追いついてきたわけね！

そう、だから機械学習の関心が高まってるの。生活に便利なアプリケーションだけじゃなくて、ビジネス上の人間の意思決定を助けたり、医療や金融、セキュリティ、他にも本当にいろんな領域に応用できるんだよ。

ちょっと、機械学習ってホントにすごそうじゃん。いまこそやる時なんだね。本気で勉強したくなってきたよ。

Section 3 機械学習のアルゴリズム

応用先がたくさんあるのはわかったけど、もう少し具体的に、機械学習が実際にどんな風に適用されているのか気になるなぁ。

そうね。その話をしましょう。まず、機械学習が得意とするのは、こういうタスクだよ。

- 回帰（Regression）
- 分類（Classification）
- クラスタリング（Clustering）

単語だけは聞いたことあるけど……。

ひとつずつ見ていこうね。最初は**回帰**の話から。回帰はわかりやすいうと**連続するデータ**、たとえば**時系列データ**なんかを扱う時に使われるものだね。

いや、全然わかりやすくないんですけど……。時系列データってどんなデータよ。

時間的な変化を連続的に観測したようなデータのこと。具体的には株価なんかは時系列データにあたるよ。ほら、こういうグラフ、見たことあるよね。

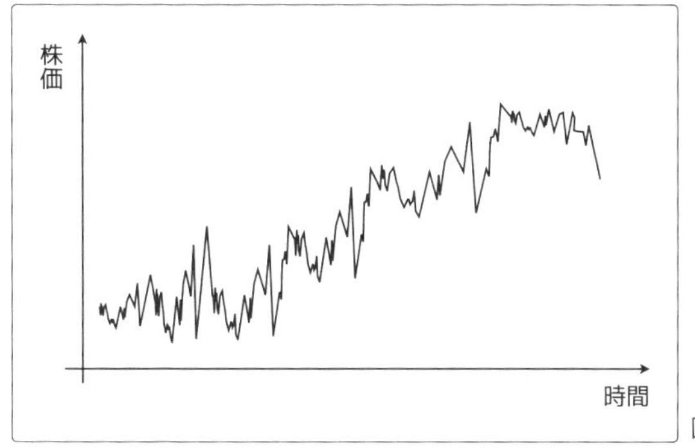

図1-1

連続するデータ、ってそういうことか。身長とか体重とか、そういうのも連続データになるのかな？

そうだね、さすが。身長、体重はそれ自体連続だし、日々の身長や体重を記録していけば、それは株価と同じように時系列データね。

なるほどね。こういう連続データに機械学習を使うって、どういうこと？

たとえばさっきのグラフからは、過去のいつの時点で株価がいくらだったっていうデータが手に入るよね。

表1-1

日付	株価
昨日	¥1,000
2日前	¥1,100
3日前	¥1,070

こういうデータから傾向を学習して「明日の株価はどうなりそうか」や「この先のトレンドはどうなりそうか」なんかを求めるのは回帰を使った機械学習の一種だよ。

未来の予測か。実際に正確に株価の予測ができたらすごいよね。

確かにすごいけどね。株価が変動する要因は過去の株価だけじゃないから、これだけじゃうまくいかないってのはなんとなくわかるよね。

まあ、そうだよね。株価っていうと、いまの景気だったり企業の業績だったりも影響しそうだもんね。

そうそう。だから何か予測したいものがある時に、それに影響しそうなデータを集めてきて組み合わせることはよくあるよ。

なるほどね～。じゃあ、**分類**はどういうものなの？

分類はそんなに難しくないかな。たとえばさっきアヤノが言ってたスパムメールの判定なんかは**分類問題**に当てはまるよ。

メールを見て、それがスパムメールなのか、そうじゃないのかを判断するってことね。

そういうこと。メールの内容と、そのメールがスパムかどうかというデータを元に学習していくの。

表1-2

メールの内容	スパムかどうか
お疲れ様です。今度の日曜日に遊びに行こうと…	×
わたしと友達になってネ。写メもあるよ！ http://…	○
おめでとうございます。ハワイ旅行に当選しま…	○

こういう、メールがスパムかスパムじゃないか、っていう○か×かは学習を始める前にあらかじめ人手で用意してあげないといけないから、ちょっと面倒なのよね。

え、1つ1つ確認して○か×かのラベルを付けていくってこと？ 面倒くさいな……。

機械学習でいちばん大変なところは、実はデータを集めるところだったりするからね。いくらデータを収集できる環境が整ってきたとはいえ、まだまだ人間が介入するところは多いんだよ。

そうなんだね。ラベル付けの作業、想像しただけでもかなり大変そうだなあ。

その辺は工夫の余地もあって、たとえば最近のメールサービスは受信したメールに対して「これは迷惑メールです」って印をつけることができるよね。そういうユーザーが入力したデータを使うこともできると思うよ。

なるほど、それは頭いいね。顔が映ってる写真を見て、それが男性なのか女性なのかを判断するのも分類問題になるのかな？

うん、それも分類問題。そんな風に分類先が2つしかないものは**二値分類**って呼ばれるんだけど、3つ以上に分類するような問題は**多値分類**って呼ばれていて、たとえば数字の認識なんかはそれにあたるよ。

え、そうなの？ 数字の認識がなんで分類問題になるの？

画像に映ってる数字が何か、という問題を考えてみるとさ、あの画像は0で、この画像は9で、という具合に画像を0〜9のどれかに分類することになるでしょ。

そう言われれば確かに……。

ハガキに書かれた手書きの郵便番号を自動的に認識する技術に応用できるよね。手書き数字が書かれている画像と、その画像が実際に何の数字なのか、というデータをまとめた「MNIST」※1というデータセットは有名だね。

※1　http://yann.lecun.com/exdb/mnist/

世の中にはそんなものがあるのね。じゃあ、最後にクラスタリングっていうのは？

クラスタリングは分類と似てるんだけどちょっと違うのよね。たとえば生徒が100人いる学校で学力テストがあったとして、そのテストの点数によって生徒100人をいくつかのグループに分けるような問題のこと。グループ分けした結果、たとえば理系っぽいグループや文系っぽいグループ、という風に意味のあるまとまりが見えてくるようになるの。生徒ごとのテストの点数だから、たとえばこういうデータから学習することになる。

表1-3

生徒の出席番号	英語の点数	数学の点数	国語の点数	物理の点数
A-1	100	98	89	96
A-2	77	98	69	98
A-3	99	56	99	61

それって結局は分類してるってことじゃないの？

分類と違うのは、データに**ラベル**が付いてるかどうかってこと。正解データって言うこともあるんだけどね。たとえばさっきスパムメール判定で、メールの内容と一緒に、そのメールがスパムなのかスパムじゃないのか、っていうデータもくっついてたでしょ？

うん、あったね。

でも、このテストの点数のデータは分類に関するそういうラベルはついてない。純粋に出席番号と点数のデータだけがあるでしょ。

用意されているデータにラベルがついているか、ついていないかの違いってことかぁ。わかりにくいなあ。

ラベルがついてるデータを使って学習することを**教師あり学習**、逆にラベルがついてないデータを使って学習することを**教師なし学習**っていうの。回帰と分類は教師あり学習、クラスタリングは教師なし学習、って分けられるからそっちで覚えててもいいかもね。

単語だけでも覚えるのが大変そうだね……。回帰に分類にクラスタリング、教師あり学習に、教師なし学習……。

暗記するだけだったらすぐ忘れちゃうだろうけどね。勉強して実践していくうちに嫌でも覚えていくと思うよ。

そういうものですかね〜。

Section 4 数学とプログラミング

数学は苦手っぽいこと言ってたけど、アヤノも理系だよね。

えっ、あ、はい。一応、ね……。

確率統計と**微分**と**線形代数**は覚えてる？

うーん、なんとなくは……復習すれば思い出すかもしれないかな。

多少の数学の基礎知識は必要になってくるから、もし不安だったら復習しておくと損はないよ。特に機械学習のアルゴリズムは統計の手法と似てるものもあるから、知っていると強いね。

やっぱりそうだよねー。イチから勉強しなおさないとなー。

でも、最初にも言ったけど、機械学習の基礎程度ならそこまで難しいレベルの数学が必要になるわけじゃないからね。復習するのはもちろんいいんだけど、わからなくなったらそのつど調べるっていうスタンスでもいいかもよ。

そうなの？ まあ、時間を見つけて簡単に復習しておこうっと。

アヤノ、努力家だなあ。

楽しいからいいんだよ。

じゃあ、プログラミングはどう？

そっちはいま仕事でもやってるから大丈夫。得意だよ。自分のWebサービスももってるから。

心強いね。プログラミングはアヤノの方が得意そうだから理論よりの話しか教えてあげられないけど、機械学習ではPythonやRなんかがよく使われてるから、そういう言語を使った経験があるとやりやすいと思うよ。

PythonもRも経験はないけど……。まあ、私には下地があるから新しい言語を覚えるのはそんなに難しくはないかな。

もちろんCやRuby、PHP、JavaScriptなんかでも実装はできるんだけどね。PythonやRは機械学習向けのライブラリがすごく充実してるからよく使われてるの。

楽をできるのは重要だもんね。あっ、コーヒー冷めちゃった。今日はこの辺にしよ。

そうね。次はもっと具体的な話をしていきましょう。

うん、ありがとう！

Chapter 2

回帰について学ぼう
広告費からクリック数を予測する

アヤノに機械学習で使う数学について教えてもらうことになったミオ。
最初に教えてもらうのは、「回帰」です。
ミオが運営しているWebサービスの広告費のデータをもとにして、
回帰について学んでいくようです。
さて、ミオは回帰について理解することができるでしょうか……？

Section 1

問題設定

じゃあ、まず回帰について一緒に見ていこうか。ここからは、具体的な例を混じえながら話を進めていくのがいいかな。

いいねー。具体例は明日のお昼ごはんくらい大事だよね。

いや、たとえの意味がまったくわからないんだけど……そうねぇ、そういえばアヤノって、いま自分でWebサービスを運営してるって言ってたよね。

うん、プログラミングの勉強のためにやってる。ファッション画像を投稿して、みんなとシェアできるようなやつ。ファッションの勉強にもなって良いんだよ。

へえ、面白そう。私も登録してみようかな。

それは嬉しい！けど、まだアクセス数が少ないの……。本当は広告とか出して、もっとたくさんの人に見てもらいたいんだよね。

なるほど。よし、じゃあ例としてWebの広告出稿とクリック数について考えてみようか。

それ機械学習に関係あるの？ Webマーケティングとか興味はあるけどさ。

まあ聞いてよ。設定を単純にするために、広告費を掛ければ掛けるほどその広告のクリック数があがる、ひいてはアクセス数が上がる、っていう前提があるとするでしょ。

うん、広告ってだいたいそんな感じだよね。

ただクリック数には揺らぎがあって、同じような広告費で常に同じクリック数が得られるとは限らない。広告費をいくら掛けて実際にどれくらいクリックされたのか、というデータについて、広告費とクリック数をグラフにプロットしてみると、こんな風になってたとするよ。値は適当なんだけどね。

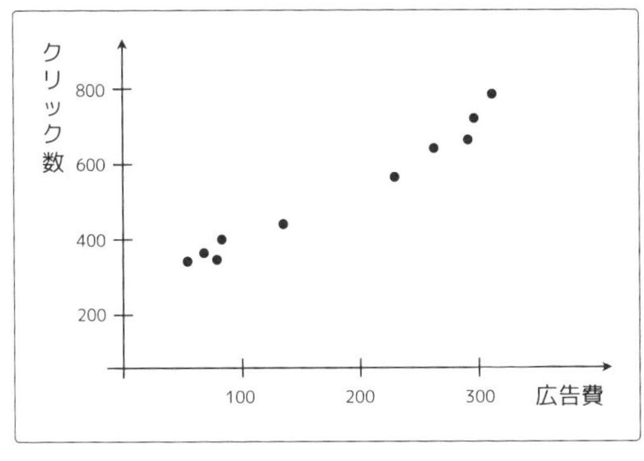

図2-1

なるほど。広告費が高くなればなるほど、クリック数も多くなってるね。

アヤノはこれを見て、広告費が200円の時には何回くらいその広告がクリックされるか分かる？

そんなの簡単だよ！ だいたい500回くらいだよね？

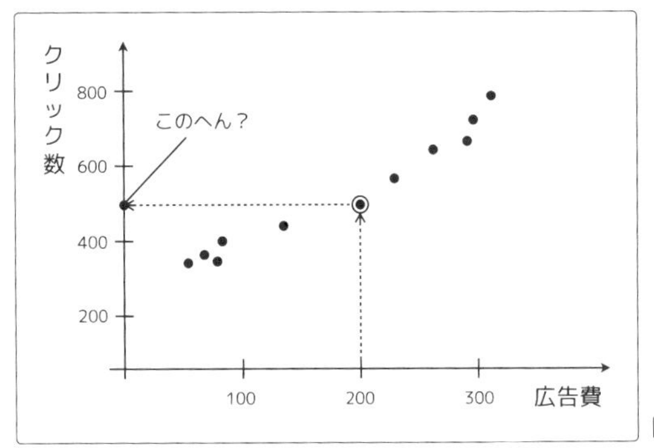

図2-2

そうそう。すごい。

馬鹿にしてない……？（笑）

してないしてない！ いま、アヤノは、既にあるデータを元にしてだいたいこの辺かなぁ、ってアタリを付けたでしょう。

うん、そうだよ。

それが機械学習だよ。アヤノは、データから学習して予測値を導き出した。これから機械学習を使って、いまアヤノがやったように、広告費からクリック数を予測するタスクをやってみよう。

なるほど、そういうことね！ でも機械学習なんて使わなくても、このプロットを見れば誰でもわかるんじゃない？

それは最初に言ったように問題設定が単純だからよ。

広告費が上がればクリック数が上がる、っていう前提？

そう。でも実際に機械学習を使って解きたい問題っていうのは、もっと問題が複雑になっていることがほとんどで、こんな風に図にプロットができないことも多い。いまは理解を深めるために単純な例で話を進めるけど、後からもっと難しい問題に発展させていこうね。

ふーん、そっか。まだ、あんまりイメージわかないけど……

Section 2 モデル定義

で、どうやって機械学習を適用していくの？

関数をイメージするんだよ。このプロットの各点を通る関数の形が分かれば、広告費からクリック数がわかるよね。ただ、さっきも言ったようにクリック数にはノイズが含まれているから、関数がきっちりすべての点を通るわけじゃないけどね。

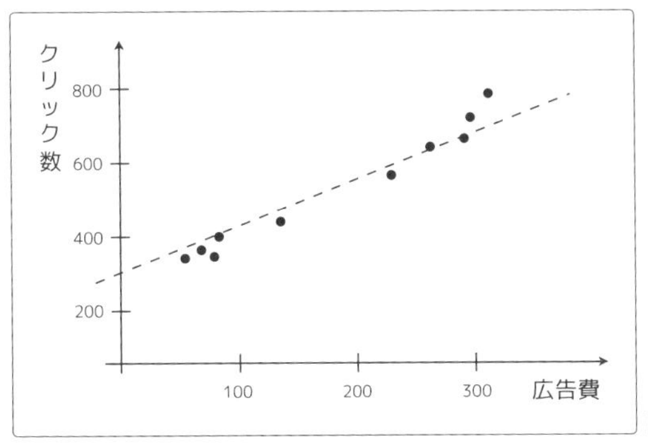

図2-3

これって、もしかして1次関数！

そう、1次関数。中学生の時にグラフを書かされたりしたよね。

あーいっぱい書いた。$y = ax + b$っていう式だよね。懐かしい。aが**傾き**（かたむ）、bが**切片**（せっぺん）、だっけ？

うん、あってるよ。1次関数は傾きと切片が決まればグラフの形が決まるから、私たちはこれからaとbを調べることになる。

なるほど。わかってきたぞ～。

今後のことを考えてaとbは使わずに、これから考える1次関数の式をこんな風に定義するよ。

$$y = \theta_0 + \theta_1 x \tag{2.2.1}$$

うっ、なんか急に数学っぽくなったけど……θって何？

θ（シータ）はこれから私たちが求めていく未知数のこと。**パラメータ**って言う人もいる。

パラメータね……別にaとbでも良いんじゃない？ なんでわざわざθ？

統計学の世界では未知数や推定値をθで表すことが多いんだよ。θの右下に添え字をつけてるのは、未知数が増えた時にa、b、c、$d\cdots$みたいに文字がたくさんあるとわかりにくいし、そもそも文字が足りなくなることもあるし、そういうことを防ぐためにね。

そうなんだ……とりあえずは傾きと切片って思っててもいいの？

いまの例ではそれで問題ないよ。それから、わかってるとは思うけどxが広告費で、yがクリック数のことね。

それは大丈夫。

何か適当な値を代入して確認してみるとイメージしやすいと思うよ。たとえば$\theta_0 = 1$、$\theta_1 = 2$とすると式2.2.1の$y = \theta_0 + \theta_1 x$ってどんな式になる？

代入するだけ？ 簡単だよ。

$$y = 1 + 2x \tag{2.2.2}$$

いいね。今度はその式のxに何か適当な値を代入してyを計算してみてよ。

うーん、じゃあ適当に$x = 100$の時を計算してみる。

$$
\begin{aligned}
y &= 1 + 2x \\
&= 1 + 2 \cdot 100 \\
&= 201
\end{aligned}
\tag{2.2.3}
$$

これはつまり、パラメータが$\theta_0 = 1$、$\theta_1 = 2$の場合、広告費に100円かけたとすると、クリック数は201くらいになるってこと。わかる？

あれ、でもさっきのプロットを見ると、広告費が100円の時って、クリック数は400以上はあるよね。

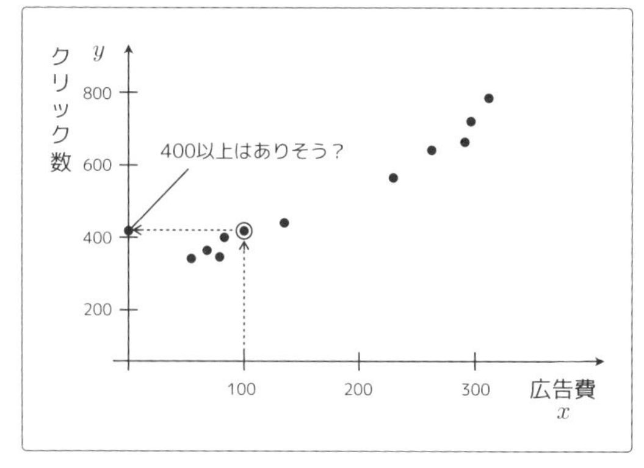

図2-4

そうそう。だから、さっき私が適当に決めたパラメータ$\theta_0 = 1$、$\theta_1 = 2$はぜんぜん違うってこと。これから機械学習を使って正しいθ_0とθ_1の値を求めていくの。

なるほど！そういうことね。

Section 3

最小二乗法

理屈はわかったけど、パラメータθはどうやって求めていくの？

その前にさっきの式2.2.1、やっぱりこんな風に書きなおそうかな。

$$f_\theta(x) = \theta_0 + \theta_1 x \tag{2.3.1}$$

え、なんで？ yが$f_\theta(x)$になっただけだし。

こうすれば、この関数がθというパラメータを持っていて、かつxという変数の関数だ、ってことが明示的にわかるしね。それにyのままにしておくと、この後に混乱することになりそうだから。

ふーん、そうなんだ。ミオがそう言うなら……。

じゃあ早速θを求めてみましょう。いま私たちの手元には、広告費とそれに対するクリック数のデータがあるよね。

さっきグラフにプロットした点だよね。

そうね。そういうデータのことを学習データって呼ぶんだけど、学習データ中の広告費を$f_\theta(x)$に代入して得られたクリック数と、学習データ中のクリック数の差が最小になるようにθを決めてあげるの。

ちょっと待って！ 何いってるのかよくわからないぞ……。

具体的にいくつか学習データを列挙してみるとわかりやすいかな。

表2-1

広告費x	クリック数y
58	374
70	385
81	375
84	401

この4つの点ってことね。

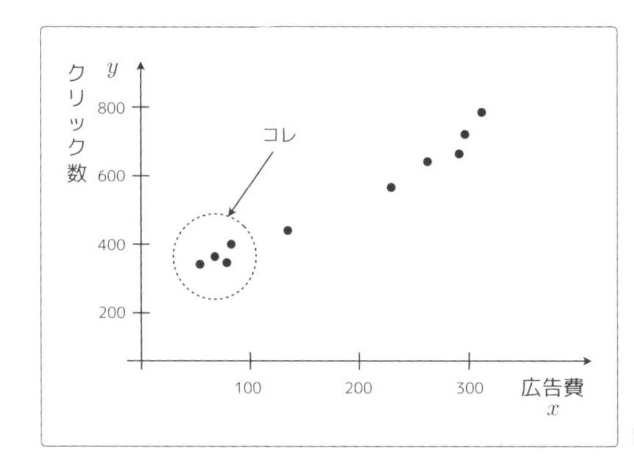

図2-5

そうそう。それで、さっきの式2.2.2ではパラメータを適当に決めて$f_\theta(x) = 1 + 2x$という式を作ったけど、その$f_\theta(x)$に広告費の値を代入して計算してみてよ。

広告費を代入するだけでいいんだよね……。こう？

表2-2

広告費x	クリック数y	$\theta_0 = 1$、$\theta_1 = 2$の時の$f_\theta(x)$
58	374	117
70	385	141
81	375	163
84	401	169

いいね。さっきも話に出たように、適当にパラメータを決めてしまうと実際の値とのズレがでてきてしまう。それはこの表2-2を見てもわかるよね。

要するに表2-2の中のyと$f_\theta(x)$の値が全然違うってことだよね。

そうね。ただ、理想的にはyと$f_\theta(x)$の値は一致していて欲しい。わかる？

うん。yの値を調べるための関数が$f_\theta(x)$だもんね。

じゃあ、理想に近づけるためにはどうすればいいか考えてみよう。

一致してるのが理想なんだから$y = f_\theta(x)$ってことだよね……

それ、ちょっと式を変形すると$y - f_\theta(x) = 0$って表せるよね。これはyと$f_\theta(x)$の**誤差**が0ってこと。誤差が無いのが一番理想的ってことだね。

なるほど！ 誤差を最小にするってそういうことか。でも、全部の点の誤差を0にするって無理じゃない？

そう、全部の点で誤差を0にするのは無理。だから、全部の点の誤差の合計がなるべく小さくなるようにするの。

そうだよね。クリック数にはノイズが含まれているから、関数がきっちりすべての点を通るわけじゃないって言ってたしね。

ほら、こんな風に図示するとわかりやすくない？ 学習データの点と$f_\theta(x)$のグラフとの誤差を点線で表してる。

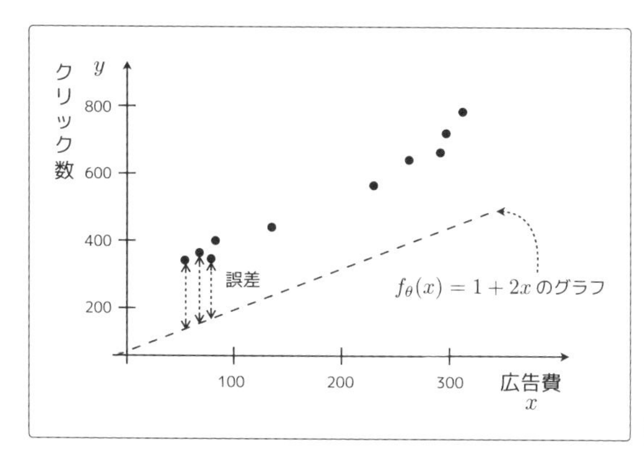

図2-6

わかりやすいね。誤差の点線の高さを小さくしていけば、正しいクリック数が予測できるようになりそうだね。

じゃあ、これまでの話を式に書き下してみよう。学習データがn個あるとして、学習データごとの誤差の和っていうのはこういう式で表せる。この式は**目的関数**と呼ばれていて、$E(\theta)$のEは、誤差を英語で言った時のErrorの頭文字から取ったものよ。

$$E(\theta) = \frac{1}{2}\sum_{i=1}^{n}\left(y^{(i)} - f_\theta(x^{(i)})\right)^2 \tag{2.3.2}$$

$\sum$（シグマ）に関しては、AppendixのSection1を参考にしてください。

いや、いきなり難易度あげてきたね……。まだ心の準備ができてないよ。

ちゃんと1つずつ説明していくから安心して。まず、誤解されないように最初に言っておきたいのは、$x^{(i)}$や$y^{(i)}$はi乗という意味ではなくて、i番目の学習データということ。

表2-2を見てみると……$x^{(1)}$が58で$y^{(1)}$が374、$x^{(2)}$が70で$y^{(2)}$が385ってことね？

そうだね。$\sum_{i=1}^{n}$は総和の記号だから、各学習データごとの誤差を2乗してそれを全部足してあげて、それを$\frac{1}{2}$してる。この$E(\theta)$の値が一番小さくなるようなθを見つけてあげるのが目的。こういうのは**最適化問題**っていうんだよ。

なんで誤差を2乗するの？

単純に差分を取るだけだと、誤差が負の数になってしまう場合もあるよね。たとえば$f_\theta(x)$がこんな形だった場合に、誤差の和を計算したらどうなると思う？

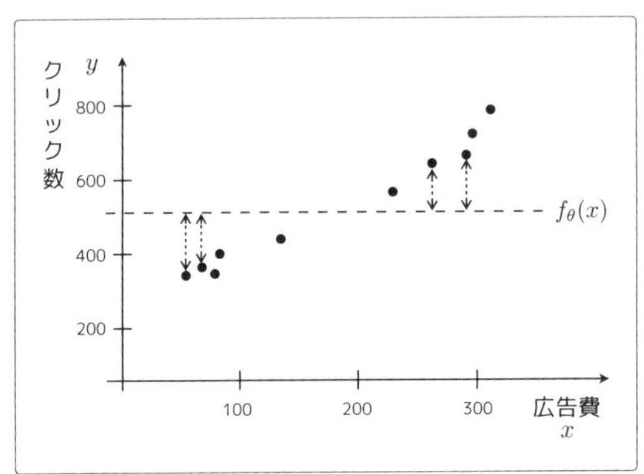

図2-7

真ん中より左側の誤差は負の数になって、右側の誤差は正の数になって、足していくと相殺されてなんとなく0に近い値になりそうな気がするね。

でしょ？ 誤差の和としては0になるけど、でも明らかにこの平らな$f_\theta(x)$って間違ってるよね。

なるほど……。正の数と負の数が混ざってると都合が悪いから、必ず正の数にするために2乗するってことね。それなら**絶対値**を取った値でもいいってこと？ $|y - f_\theta(x)|$みたいにさ。

間違ってはいないけど、普通は絶対値じゃなくて2乗を使うよ。あとで目的関数を微分することになるんだけど、絶対値の微分より2乗の微分の方が簡単だからね。

微分……高校の時に習ったけど、ほとんど覚えてないな……。絶対値の微分って難しいんだっけ。

絶対値だと微分できない場所があるのと、場合分けしないといけないから面倒なのよね。微分については、その時になったらまた説明するよ。

じゃあ、全体に$\frac{1}{2}$を掛けてるのは何なの？

これもあとの微分に関係してくるんだけど、結果の式を簡単にするため勝手につけた定数。これも、その時になったら説明するよ。

うーん、勝手に適当な定数を掛けたりしていいの？

うん、最適化問題の場合はいいんだよ。たとえば$f(x)=x^2$というグラフがあったとして、これが最小になるxは何かわかる？

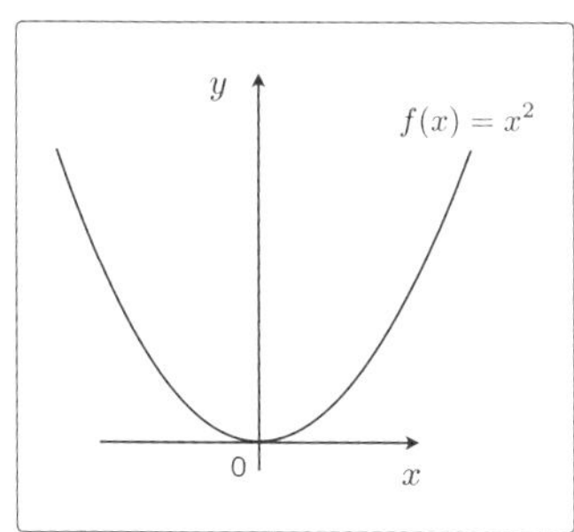

図2-8

$x=0$の時が最小になるね。

じゃあ、さっきのグラフに$\frac{1}{2}$を掛けた$f(x)=\frac{1}{2}x^2$というグラフが最小になるxは？

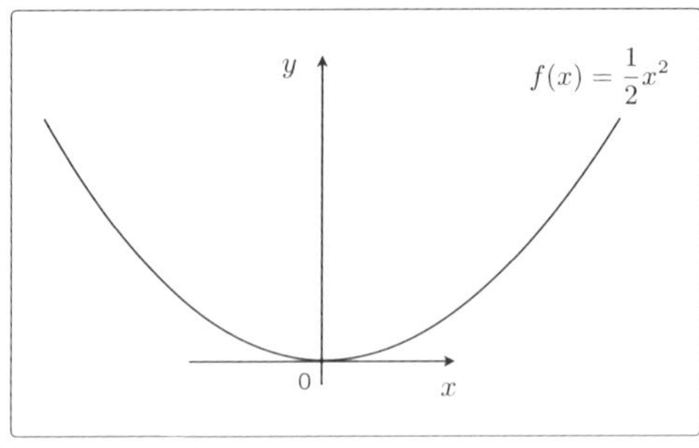

図2-9

同じように$x = 0$の時が最小になるね！

正の定数を掛けても、グラフの形が横に潰れたり、縦に細長くなるだけで、どこで最小値になるのか、という場所は変わらないんだよ。

式の意味はよくわかった。

試しに式2.3.2の$E(\theta)$の値を実際に計算してみようか。$\theta_0 = 1$、$\theta_1 = 2$として、さっき列挙した4つの学習データを代入してみるよ。ちょっと値が大きくなるけど……

$$
\begin{aligned}
E(\theta) &= \frac{1}{2}\sum_{i=1}^{4}\left(y^{(i)} - f_\theta(x^{(i)})\right)^2 \\
&= \frac{1}{2}\left((374-117)^2 + (385-141)^2 + (375-163)^2 + (401-169)^2\right) \\
&= \frac{1}{2}(66049 + 59536 + 44944 + 53824) \\
&= 112176.5
\end{aligned}
\tag{2.3.3}
$$

112176.5？

この112176.5という値自体に意味はないんだけど、この値がどんどん小さくなるようにパラメータのθを変えていくんだよ。

この値が小さくなるってことは、つまり誤差が小さくなるってことね！

そういうこと。こういうアプローチは**最小二乗法**って呼ばれてる。

Section 3 Step 1 最急降下法

$E(\theta)$を小さくしていくのはわかったけど……θの値を適当に変えながら$E(\theta)$を計算して前の値と比較していくのはさすがに面倒だよね。

さすがにそれは大変だね。さっきも少し話しに出てきたけど、**微分**を使って求めていくんだよ。

> **POINT**
>
> 微分に関しては、AppendixのSection2を参考にしてください。

微分かー。もうほとんど覚えてないなぁ。

微分は**変化の度合い**を求めるために使うものだったよね。微分を習った時に**増減表**を作ったりしなかった？

増減表……。そういえば、そんなものがあった気がするね。なつかしい。

簡単な例で試してみようか。たとえば$g(x) = (x-1)^2$という2次関数があったとして、この関数の最小値は$x = 1$の時の$g(x) = 0$になるよね。この2次関数の増減表はどうなるかわかる？

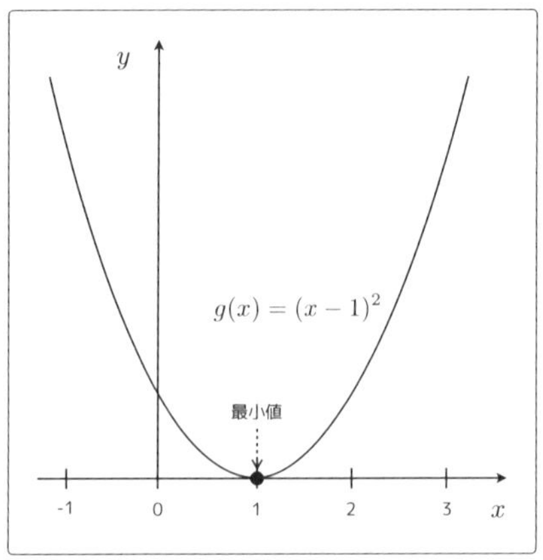

図2-10

まず微分すればいいんだっけ。$g(x)$を展開すると$(x-1)^2 = x^2 - 2x + 1$だから……こうかな？

$$\frac{d}{dx}g(x) = 2x - 2 \tag{2.3.4}$$

うん、微分はそれであっているよ。増減表を作るんだから、**導関数**（どうかんすう）の符号を見てみて。

導関数って微分した後の関数のことよね。$2x-2$の符号に着目すればいいんだから……増減表はこうかな。

表2-3

xの範囲	$\frac{d}{dx}g(x)$の符号	$g(x)$の増減
$x < 1$	−	↘
$x = 1$	0	
$x > 1$	+	↗

いいね。この増減表を見ると、$x < 1$の時は$g(x)$のグラフが右下がりになっていて、逆に$x > 1$の時は$g(x)$のグラフが右上がり、これは言い換えると左下がりになってるよね。

うん、増減表を見ても$g(x)$のグラフを見ても確かにそうなってる。

たとえば$x=3$からスタートして$g(x)$の値を小さくするためにはxを左の方にずらす、要するにxを減らしていけばいいよね。

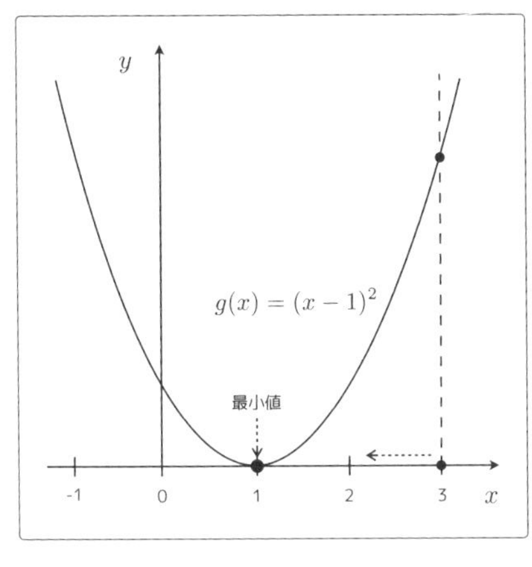

図2-11

反対側の$x=-1$からスタートして$g(x)$の値を小さくするためには今度はxを右の方にずらす、つまりxを大きくしていけばいい。

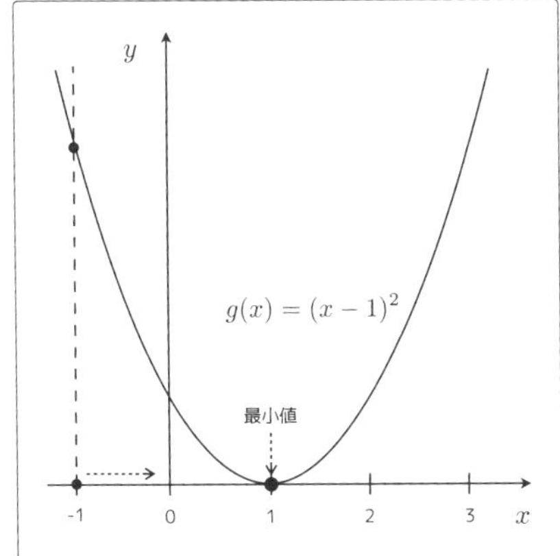

図2-12

それって、導関数の符号によってxをずらす方向が変わるってこと？

その通り。導関数の符号と逆の方向にずらしていけば、おのずと最小値の方に動いていくようになってるの。

なるほど。勝手にパラメータが更新されていくのは楽だね。

さっきの話を式にまとめると、こう。これは**最急降下法**や**勾配降下法**と呼ばれるものね。

$$x := x - \eta \frac{d}{dx} g(x) \tag{2.3.5}$$

見慣れないかもしれないけど$\mathrm{A} := \mathrm{B}$という書き方は、AをBによって定義する、という意味だよ。

式2.3.5の場合は、新しいxを1つ前の古いxを使って定義している、ということかな？

そういうこと。

ηって何？

ηは**学習率**と呼ばれる正の定数。学習率の大小によって、最小値にたどり着くまので更新回数が変わってくるの。収束の速さが変わる、と言ったりするね。もしくは収束せずに発散してしまうこともある。

ちょっと待って！ またよくわからない……

また具体的な値を代入して確認してみようか。たとえば$\eta=1$として$x=3$からスタートするとどんな風にxが動くと思う？

やってみる。$g(x)$の微分は$2x-2$だから、更新式は$x:=x-\eta(2x-2)$でいいよね？これを計算していけばいいのね。

$$
\begin{aligned}
x &:= 3-1(2\cdot3-2) &= 3-4 &= -1\\
x &:= -1-1(2\cdot-1-2) &= -1+4 &= 3\\
x &:= 3-1(2\cdot3-2) &= 3-4 &= -1
\end{aligned}
\tag{2.3.6}
$$

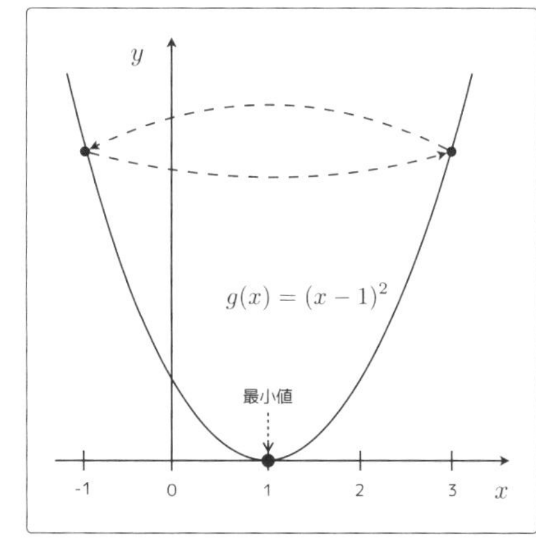

図2-13

あれ、3と-1を行ったり来たりしてて、これは完全にループにはまってそうだ……

じゃあ、今度は$\eta=0.1$として、同じく$x=3$からスタートするとどうかな？

やってみる。小数の計算は面倒だから、小数第２位で四捨五入して計算していい？

$$
\begin{aligned}
x &:= \quad 3 - 0.1 \cdot (2 \cdot 3 - 2) \quad = 3 \quad - 0.4 = 2.6 \\
x &:= 2.6 - 0.1 \cdot (2 \cdot 2.6 - 2) = 2.6 - 0.3 = 2.3 \\
x &:= 2.3 - 0.1 \cdot (2 \cdot 2.3 - 2) = 2.3 - 0.2 = 2.1 \\
x &:= 2.1 - 0.1 \cdot (2 \cdot 2.1 - 2) = 2.1 - 0.2 = 1.9
\end{aligned}
\tag{2.3.7}
$$

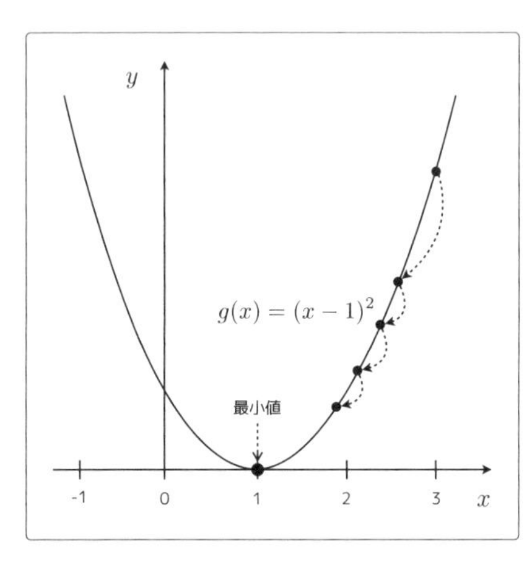

図2-14

今度はだんだんと$x = 1$に近づいていってるけど、ちょっと近づき方が遅いね……。じれったい。

つまりはそういうことだよ。ηが大きいと$x := x - \eta(2x - 2)$が行ったり来たり、あるいは最小値から離れていくこともある。これは発散した状態ね。一方でηが小さいと、移動量が小さくなって更新回数が増えてしまう。けれど確実に収束に向かって動いている状態よ。

そういうことか。とてもよくわかりました。

じゃあ、話を目的関数$E(\theta)$に戻そうか。目的関数の形おぼえてる？

式2.3.2のこれ？

$$E(\theta) = \frac{1}{2}\sum_{i=1}^{n}\left(y^{(i)} - f_\theta(x^{(i)})\right)^2 \tag{2.3.8}$$

うん、そう。その目的関数はさっきの例で出てきた$g(x)$と同じように下に凸の形をしているから、同じ議論を当てはめることができるの。ただ、この目的関数は$f_\theta(x)$を含んでて、式2.3.1で見たように$f_\theta(x)$はθ_0とθ_1の2つのパラメータを持っていたよね。つまりこの目的関数は、θ_0とθ_1の2つの変数を持つ2変数関数になるってこと。だから、普通の微分じゃなくて**偏微分**(へんびぶん)になって、更新式はこうなる。

$$\theta_0 := \theta_0 - \eta\frac{\partial E}{\partial \theta_0}$$

$$\theta_1 := \theta_1 - \eta\frac{\partial E}{\partial \theta_1} \tag{2.3.9}$$

難しくなったように感じるけど……。さっきの式2.3.5の$g(x)$がEに変わって、偏微分になっただけ……だよね？

! POINT

偏微分に関しては、AppendixのSection3を参考にしてください。

うん、そう。実際に偏微分の計算をやってみよう。まずは式2.3.9のθ_0で偏微分する方の式から。アヤノ、できる？

えっと……あれ、Eの中にθ_0が出てこないけど……あぁ、そうか、θ_0は$f_\theta(x)$の中にあるんだった……あ、2乗も展開しなきゃ。うーん、なんか難しそう……

正攻法だと面倒くさいから、**合成関数**の微分を使うといいよ。ミオが言うように、$E(\theta)$の中に$f_\theta(x)$が出てきて、$f_\theta(x)$の中にθ_0が出てくるから、それぞれこんな風に考えてみよう。

$$u = E(\theta)$$

$$v = f_\theta(x) \tag{2.3.10}$$

! POINT

合成関数に関しては、AppendixのSection4を参考にしてください。

すると、こうやって段階的に微分できるよ。

$$\frac{\partial u}{\partial \theta_0} = \frac{\partial u}{\partial v} \cdot \frac{\partial v}{\partial \theta_0} \tag{2.3.11}$$

なるほど、合成関数の微分ね。まずはuをvで微分するところから計算してみるよ……。展開してそれぞれ微分すればいいよね。

$$\begin{aligned}
\frac{\partial u}{\partial v} &= \frac{\partial}{\partial v}\left(\frac{1}{2}\sum_{i=1}^{n}\left(y^{(i)} - v\right)^2\right) \\
&= \frac{1}{2}\sum_{i=1}^{n}\left(\frac{\partial}{\partial v}\left(y^{(i)} - v\right)^2\right) \\
&= \frac{1}{2}\sum_{i=1}^{n}\left(\frac{\partial}{\partial v}\left(y^{(i)^2} - 2y^{(i)}v + v^2\right)\right) \\
&= \frac{1}{2}\sum_{i=1}^{n}\left(-2y^{(i)} + 2v\right) \\
&= \sum_{i=1}^{n}\left(v - y^{(i)}\right)
\end{aligned} \tag{2.3.12}$$

最後の行で$\frac{1}{2}$が相殺されて、微分した後の式が簡単になってるでしょう？それが最初に$\frac{1}{2}$を掛けていた理由よ。

そういうことか。式が綺麗になったね。じゃあ、次はvをθ_0で微分する部分ね。

$$\begin{aligned}
\frac{\partial v}{\partial \theta_0} &= \frac{\partial}{\partial \theta_0}\left(\theta_0 + \theta_1 x\right) \\
&= 1
\end{aligned} \tag{2.3.13}$$

良い感じだね。あとは合成関数の微分の式2.3.11に従ってそれぞれの結果を掛けてあげればθ_0で微分した結果が出るよ。あ、式2.3.12のvを$f_\theta(x)$に戻すのを忘れずにね。

掛ければいいだけだから……こうかな？

$$
\begin{aligned}
\frac{\partial u}{\partial \theta_0} &= \frac{\partial u}{\partial v} \cdot \frac{\partial v}{\partial \theta_0} \\
&= \sum_{i=1}^{n} \left(v - y^{(i)} \right) \cdot 1 \\
&= \sum_{i=1}^{n} \left(f_\theta(x^{(i)}) - y^{(i)} \right)
\end{aligned}
\tag{2.3.14}
$$

正解！じゃあ、次はθ_1について微分してみようか。

これを解くってことね。やってみる。

$$
\frac{\partial u}{\partial \theta_1} = \frac{\partial u}{\partial v} \cdot \frac{\partial v}{\partial \theta_1} \tag{2.3.15}
$$

uをvで微分するところは式2.3.12とまったく同じだから、今回はvをθ_1で微分する部分だけ計算すればいいよ。

そっか。よく考えたらそうだね。vをθ_1で微分するんだから……こうかな？

$$
\begin{aligned}
\frac{\partial v}{\partial \theta_1} &= \frac{\partial}{\partial \theta_1} \left(\theta_0 + \theta_1 x \right) \\
&= x
\end{aligned}
\tag{2.3.16}
$$

あってるよ。じゃあ、uをθ_1で微分した結果は結局どうなるかな？

こうだね。

$$
\begin{aligned}
\frac{\partial u}{\partial \theta_1} &= \frac{\partial u}{\partial v} \cdot \frac{\partial v}{\partial \theta_1} \\
&= \sum_{i=1}^{n} \left(v - y^{(i)} \right) \cdot x^{(i)} \\
&= \sum_{i=1}^{n} \left(f_\theta(x^{(i)}) - y^{(i)} \right) x^{(i)}
\end{aligned}
\tag{2.3.17}
$$

正解！最終的にパラメータθ_0とθ_1の更新式は、こうなるよ。大丈夫？

$$
\begin{aligned}
\theta_0 &:= \theta_0 - \eta \sum_{i=1}^{n} \left(f_\theta(x^{(i)}) - y^{(i)} \right) \\
\theta_1 &:= \theta_1 - \eta \sum_{i=1}^{n} \left(f_\theta(x^{(i)}) - y^{(i)} \right) x^{(i)}
\end{aligned}
\tag{2.3.18}
$$

うーん、だいぶおぞましい式になったね。この式に従ってθ_0とθ_1を更新していけば正しい形の１次関数$f_\theta(x)$が見つかるってことだよね。

その通り。この方法で見つけた正しい$f_\theta(x)$に対して、任意の広告費を入力してあげると、それに対応するクリック数が出力されるということね。これで広告費からクリック数を予測できるようになった。

単純な１次関数を見つけるだけなのにたいした苦労だった……。しかもそこまで嬉しくないような。

最初にも言ったけど、説明のために問題設定を単純にしたから嬉しさが伝わらないかもしれないね。もう少し難しい例を見てみよっか。

ちょっと疲れたから、休憩。一緒にドーナツ食べようよ！

イイね。

Section 4 多項式回帰

おいしかった！

おいしかったね！ 甘いもの最高だ。えーっと、回帰の話、続きがあるんだっけ？

そうだね、さっきやった回帰の話を少し発展させていこうかな。

こういうのって突然難しくなるからな……。

さっきの話が理解できてれば、そんなに難しい話じゃないと思うよ。私たちが定義した予測のための1次関数は覚えてる？

式2.3.1のこれのこと？

$$f_\theta(x) = \theta_0 + \theta_1 x \tag{2.4.1}$$

それそれ。1次関数だから関数の形は直線になってたよね。

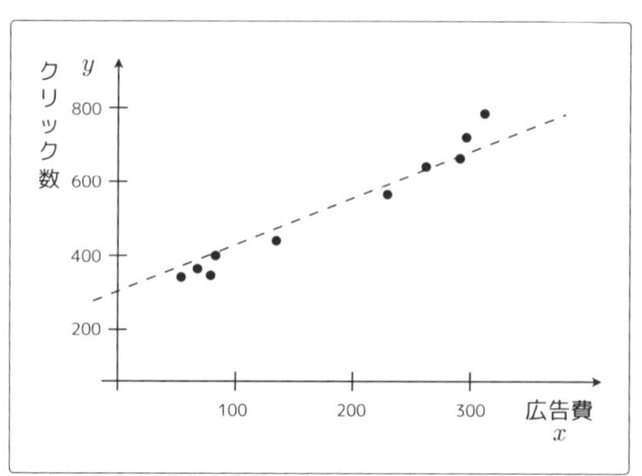

図2-15

うん、直線だったね。この関数の傾きと切片を、微分を使って求めるのがさっきやったことだよね。

そう。でもね、最初に示したプロットは、実は直線より曲線の方がよくフィットするようにデータを作ってみたの。

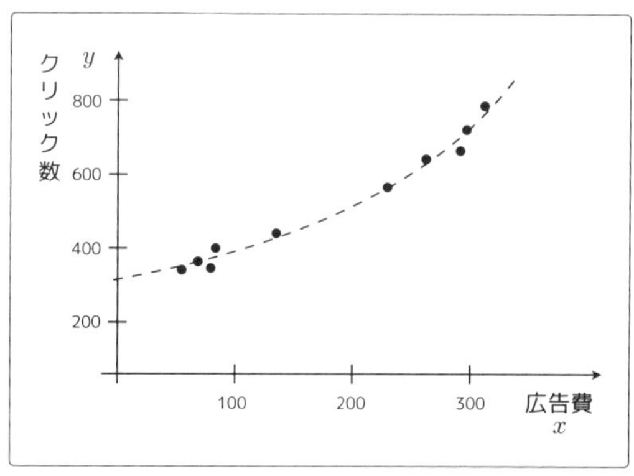

図2-16

ほんとだ！ 曲線のグラフの方がフィットしてるように見える。

これは関数$f_\theta(x)$を2次関数として定義することで実現できるの。

$$f_\theta(x) = \theta_0 + \theta_1 x + \theta_2 x^2 \tag{2.4.2}$$

なるほど。確かに2次関数は曲線だって習ったね。

もしくは、もっと大きな次数をもった式にしても大丈夫だよ。そうすると、より複雑な曲線にも対応できるようになるからね。

$$f_\theta(x) = \theta_0 + \theta_1 x + \theta_2 x^2 + \theta_3 x^3 + \cdots + \theta_n x^n \tag{2.4.3}$$

おー、それはすごいね。$f_\theta(x)$をどういう関数にするのかは、自分で勝手に決めていいの？

うん、解きたい問題に対してどういう式が一番フィットするのかを見極めながらいろいろ試してみないといけないんだけどね。

次数を増やせば増やすほどいい感じにフィットするわけじゃないの？

フィットするようにはなるけど、**過学習**（かがくしゅう）と呼ばれる避けては通れない別の問題があるのよね。その話をするとちょっと話題が変わっちゃうから、後で話そうか。

世の中そんなに甘くないんだね……。

話を戻すとさっきの2次式、パラメータとしてθ_2が増えてたよね。θ_2の更新式の導出の仕方はわかる？

最初と同じように目的関数をθ_2で偏微分して求めたらいいのかな。

その通り！ さっきみたいに$u = E(\theta), v = f_\theta(x)$とおいて、$u$を$\theta_2$で偏微分して更新式を求めてみようか。

uをvで微分するところは同じはずだからvをθ_2で微分するところだけやればいいよね。

$$
\begin{aligned}
\frac{\partial v}{\partial \theta_2} &= \frac{\partial}{\partial \theta_2}\left(\theta_0 + \theta_1 x + \theta_2 x^2\right) \\
&= x^2
\end{aligned}
\tag{2.4.4}
$$

うん、いいね。結局、パラメータの更新式はこうなるね。

$$
\begin{aligned}
\theta_0 &:= \theta_0 - \eta \sum_{i=1}^{n} \left(f_\theta(x^{(i)}) - y^{(i)} \right) \\
\theta_1 &:= \theta_1 - \eta \sum_{i=1}^{n} \left(f_\theta(x^{(i)}) - y^{(i)} \right) x^{(i)} \\
\theta_2 &:= \theta_2 - \eta \sum_{i=1}^{n} \left(f_\theta(x^{(i)}) - y^{(i)} \right) {x^{(i)}}^2
\end{aligned}
\tag{2.4.5}
$$

これってパラメータがθ_3、θ_4、$\cdots$って増えていっても同じことをして更新式を求めれるの？

そういうこと。こんな風に多項式の次数を増やした関数を使うものは、**多項式回帰**（たこうしきかいき）って呼ばれるの。

ちょっと難しくなりそうで身構えちゃったけど、そうでもなくて安心したな。

Section 5　重回帰

回帰の話にはもう少し続きがあるから、一気に最後まで行こう。

今度こそレベルがあがるかな……？

これまでは広告費が決まればクリック数が決まっていたよね。

そういう前提だったもんね。

でも、実際に解きたい問題って、変数が2つ以上の複雑な問題なことが多いんだよね。

さっきの多項式回帰でやったx^2やx^3を使ってみないと、ってことだよね。

そうじゃなくてね。確かに多項式回帰では別々の次数をもった項を考えたけど、実際に使った変数は広告費だけよね。

ん、そうなの……？ ちょっと言ってることがよくわからないな。

少し問題設定を拡張するよ。広告費が決まればクリック数が決まるという設定だったけど、クリック数を決めるのは広告費の他に広告の表示位置や広告サイズという複数の要素があるとする。

あーなるほど。変数が2つ以上ってそういうことね。

ただ、変数が広告費だけだとグラフにプロットできてたけど、変数が3つ以上になるとさすがに可視化できないから、これからは図を書いたりはできなくなるけど……。

えっ、なんか先が思いやられる展開だね……。

でも、これまでの話が理解できていれば変数が増えてもそんなに難しいくはないと思うよ。

自分の実力を信じてついていくぞ……。

なるべく簡単にするために広告サイズだけを考えるとして、広告費をx_1、広告欄の横幅をx_2、広告欄の高さをx_3とすると、f_θをこんな風に表すことができるけど、これは大丈夫かな？

$$f_\theta(x_1, x_2, x_3) = \theta_0 + \theta_1 x_1 + \theta_2 x_2 + \theta_3 x_3 \quad (2.5.1)$$

関数が受け取る変数が、前はxだけだったけど、いまは3つに増えてるね。そこだけしか変わってないからわかるよ。

じゃあ、この時のパラメータ$\theta_0, \cdots, \theta_3$を求めるにはどうすればいい？

目的関数を$\theta_0, \cdots, \theta_3$についてそれぞれ偏微分して、パラメータを更新していけばいいんだね。

その通り！ アヤノ、慣れてきたね～。

なんだ～今回も簡単でよかった。あとは実際に偏微分する、っていう流れだよね。

あ、ちょっと待って。その前に式の表記をもう少し簡単にできるから、それをやってみようか。

式の表記？ どういうこと？

さっきはx_1, x_2, x_3の3つの変数があったよね。今度は一般化してみて変数がn個ある場合のことを考えたいんだけど、そうするとf_θはどうなると思う？

単純に変数をn個書けばいいんだから……これでいい？

$$f_\theta(x_1, \cdots, x_n) = \theta_0 + \theta_1 x_1 + \cdots + \theta_n x_n \quad (2.5.2)$$

うん、いいね。でも、毎回そんな風にn個のxを書いていくのは大変じゃない？ だからパラメータθと変数xを**ベクトル**とみなすの。

POINT

ベクトルに関しては、AppendixのSection5を参考にしてください。

ベクトルって大きさと向きがあって矢印で表すやつだよね。そんなのがここで出てくるわけ？

うーん、今回は矢印っていうイメージは関係ないかな。やりたいのはθとxを列ベクトルとして定義するってこと。列ベクトルわかる？

列ベクトルとして定義って、こういうこと？　確かベクトルは文字を太字で書くんだったよね。

$$\boldsymbol{\theta} = \begin{bmatrix} \theta_0 \\ \theta_1 \\ \theta_2 \\ \vdots \\ \theta_n \end{bmatrix} \quad \boldsymbol{x} = \begin{bmatrix} x_1 \\ x_2 \\ \vdots \\ x_n \end{bmatrix} \quad (2.5.3)$$

そう！ ちゃんと太字で書くことも覚えててさすがだね。けど、ちょっとおしい。そのままだと、$\boldsymbol{\theta}$と$\boldsymbol{x}$で次元が違うから扱いにくいでしょ？

そんなこと言われても文字はもうこれで全部だし……。

何もベクトルの要素がすべて文字じゃなくてもいいんだよ。アヤノが書いてくれたベクトルはこんな風に書き直せるの。

$$\boldsymbol{\theta} = \begin{bmatrix} \theta_0 \\ \theta_1 \\ \theta_2 \\ \vdots \\ \theta_n \end{bmatrix} \quad \boldsymbol{x} = \begin{bmatrix} 1 \\ x_1 \\ x_2 \\ \vdots \\ x_n \end{bmatrix} \tag{2.5.4}$$

えっ、勝手に1を足していいの？

あとで計算してみるとわかるけど、むしろこうやって最初に1を置いた方が自然なんだよ。θの添字が0から始まってるから、それと合わせるために$x_0 = 1$として、$\boldsymbol{x}$の最初の要素にx_0を置くほうがより綺麗かな。

$$\boldsymbol{\theta} = \begin{bmatrix} \theta_0 \\ \theta_1 \\ \theta_2 \\ \vdots \\ \theta_n \end{bmatrix} \quad \boldsymbol{x} = \begin{bmatrix} x_0 \\ x_1 \\ x_2 \\ \vdots \\ x_n \end{bmatrix} \quad (x_0 = 1) \tag{2.5.5}$$

うーん、確かに次元も添え字も同じになって綺麗にはなったけど……。

じゃあ、$\boldsymbol{\theta}$を転置したものと$\boldsymbol{x}$を掛けたものを計算してみて？

$\boldsymbol{\theta}^{\mathrm{T}}\boldsymbol{x}$ってことね。各要素を掛け合わせて、それを全部足せばいいんだよね。

$$\boldsymbol{\theta}^{\mathrm{T}}\boldsymbol{x} = \theta_0 x_0 + \theta_1 x_1 + \theta_2 x_2 + \cdots + \theta_n x_n \quad (2.5.6)$$

この式、見たことあるでしょ？$x_0 = 1$ってことに注意してね。

これ、さっきの式2.5.2だ！

そういうこと。要するにこれまで多項式で表していたf_θは、ベクトルをつかうとこんな風に表せるようになるんだよ。ベクトルとは言ったけど、実際にプログラムする時はただの1次元配列で十分なんだけどね。

$$f_{\boldsymbol{\theta}}(\boldsymbol{x}) = \boldsymbol{\theta}^{\mathrm{T}}\boldsymbol{x} \quad (2.5.7)$$

おー、すごく簡単な式になったね！ 式の表記を簡単にしようっていうのは、こういうことだったのね。

そうそう。じゃあ、この$f_{\boldsymbol{\theta}}(\boldsymbol{x})$を使っていつものようにパラメータの更新式を求めてみよう。

そうだね。えーっと、ベクトルになったから……。ん、どうすればいいのかな……？

$u = E(\boldsymbol{\theta}), v = f_{\boldsymbol{\theta}}(\boldsymbol{x})$とおくのは同じよ。一般化して考えるために$j$番目の要素の$\theta_j$で偏微分するこんな式を考えるといいよ。

$$\frac{\partial u}{\partial \theta_j} = \frac{\partial u}{\partial v} \cdot \frac{\partial v}{\partial \theta_j} \quad (2.5.8)$$

なるほどね。uをvで微分するところは同じだよね。vをθ_jで微分すればいいんだから……これでいいかな。

$$
\begin{aligned}
\frac{\partial v}{\partial \theta_j} &= \frac{\partial}{\partial \theta_j}(\boldsymbol{\theta}^{\mathrm{T}}\boldsymbol{x}) \\
&= \frac{\partial}{\partial \theta_j}(\theta_0 x_0 + \theta_1 x_1 + \cdots + \theta_n x_n) \\
&= x_j
\end{aligned}
\tag{2.5.9}
$$

いいね！ j 番目のパラメータの更新式は最終的にこうなるよ。

$$
\theta_j := \theta_j - \eta \sum_{i=1}^{n} \left(f_{\boldsymbol{\theta}}(\boldsymbol{x}^{(i)}) - y^{(i)} \right) x_j^{(i)}
\tag{2.5.10}
$$

さっきまではそれぞれの θ について更新式を書いてたけど、1つにまとまるんだね。すごい！

こんな風に複数の変数を使ったものを**重回帰**(じゅうかいき)って言うよ。難しかった？

もっと難しいのを想像してたけど、なんとか大丈夫だった！ 式がまとまって簡単になったのは気持ちよかったな。

一般化して考えられるのは数学の良いところだね。

そういえば、最急降下法って全学習データ分だけ繰り返して計算するんだよね。最近はたくさんデータが集められるって言ってたけど、学習データがたくさんあったらループ回数が増えてすごく時間かかっちゃうんじゃない？

へえ、さすが普段から仕事でプログラムを書いてるだけあって、効率のことを気にするんだね。

動けばいいってわけじゃないもんね～。

アヤノの言う通り、計算量が多くて遅いことが最急降下法の欠点の1つだね。

やっぱりそうなんだね。もう少し効率の良いアルゴリズムないのかな。

もちろんあるよ。

Section 6 確率的勾配降下法

最後に**確率的勾配降下法**（かくりつてきこうばいこうかほう）というアルゴリズムを見て今日は終わりにしようか。

それが効率の良いアルゴリズム？

うん。でもその前に、最急降下法には計算に時間がかかること以外に、もう1つ欠点があるの。

あら、まだ欠点があるのか。

局所解に捕まってしまう、っていう欠点ね。

ん、えーっと……？

回帰の時に使った二乗誤差の目的関数は単純な形だから問題ないんだけど、もう少し複雑な、こんな形の関数を考えてみるよ。

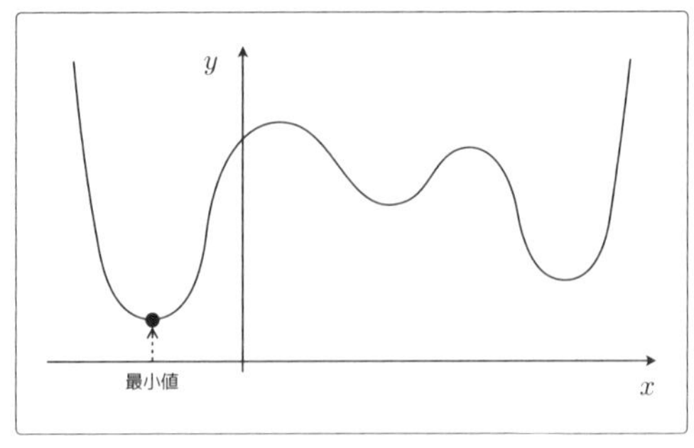

図2-17

ぐにゃぐにゃしてるね……。

最急降下法で関数の最小値を見つけるにしても、まず最初にどのxからスタートするかを決めてあげないといけないよね。ほら、$g(x)$を使って説明した時も$x = 3$とか$x = -1$からスタートさせたでしょ。

そういえばやったね。あれはなんで3とか-1からスタートさせたんだっけ？

説明のために私が適当に選んだんだよ。

へー、じゃあ、実際に問題を解く時も初期値は適当に選んでいいの？

乱数を使って選ぶことが多いね。ただ、そんな風に毎回初期値が変わるせいで**局所解に捕まる**っていう問題が発生するの。

まだよくわかりませんけど……。

たとえばこの図の位置が初期値だったとしたら？

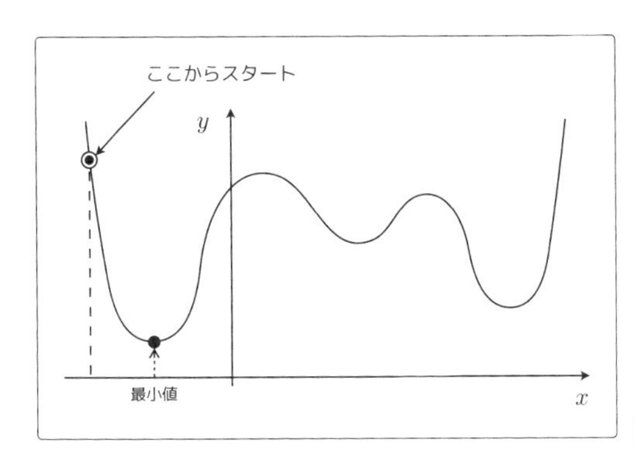

図2-18

あっ、なんとなくわかってきた気がするぞ。そこからスタートするとちゃんと最小値が求まりそうだね。

じゃあ、逆に最小値が求まらないのって、どんな時かな？

こういう位置が初期値だった場合じゃないかな？ 途中で止まっちゃいそう。

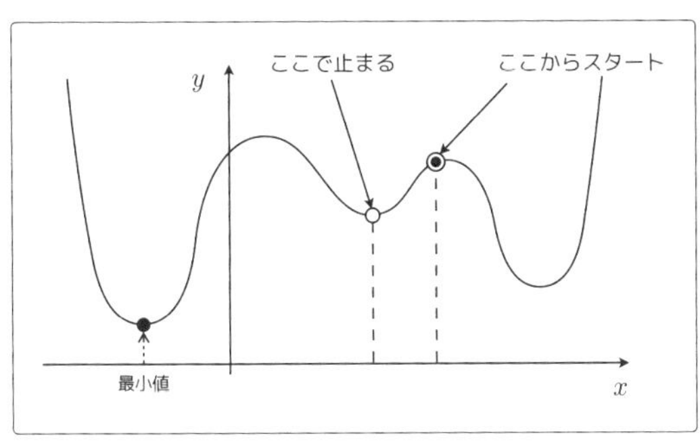

図2-19

そういうこと。それが局所解に捕まるっていうことよ。

アルゴリズムがシンプルな分、いろいろな問題があるってことね。せっかく教えてもらったのに残念。

でも最急降下法を学んだことは無駄じゃないよ。確率的勾配降下法は最急降下法がベースになってるんだから。

あ、そうなんだね。

最急降下法のパラメータ更新式は覚えてる？

うん。式2.5.10のこれだよね。

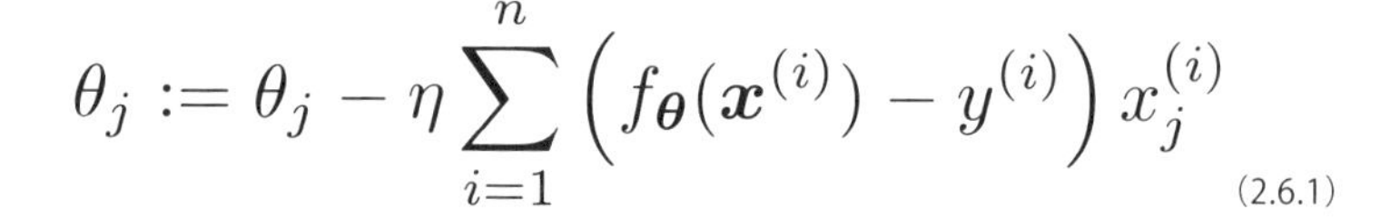

$$\theta_j := \theta_j - \eta \sum_{i=1}^{n} \left(f_{\boldsymbol{\theta}}(\boldsymbol{x}^{(i)}) - y^{(i)} \right) x_j^{(i)} \tag{2.6.1}$$

そう。その式ではすべての学習データの誤差を使ってるんだけど、確率的勾配降下法ではランダムに学習データを1つ選んで、それをパラメータの更新に使うの。この式のkはランダムに選ばれたインデックスのこと。

$$\theta_j := \theta_j - \eta (f_{\boldsymbol{\theta}}(\boldsymbol{x}^{(k)}) - y^{(k)}) x_j^{(k)} \tag{2.6.2}$$

シグマが無くなってるね。

最急降下法で1回パラメータを更新する間に、確率的勾配降下法ではn回パラメータが更新できるし、学習データをランダムに選んでその時点での勾配を使ってパラメータを更新していくから、目的関数の局所解に捕まりにくいの。

学習データをランダムに選んで学習なんて、そんな適当なやり方でちゃんとした答えになるのかな。

不思議だけど、実際に収束してくれるんだよ。

へえ、不思議……。

学習データをランダムに1つ選ぶ話をしたけど、学習データをランダムにm個だけ選んでパラメータを更新するやり方もあるよ。

お、そうなんだ。いくつ選ぶかは自分で決めて良いんだね。

うん。ランダムにm個だけ選ばれた学習データのインデックスの集合をKとおくと、こんな風にパラメータを更新していくの。

$$\theta_j := \theta_j - \eta \sum_{k \in K} \left(f_{\boldsymbol{\theta}}(\boldsymbol{x}^{(k)}) - y^{(k)} \right) x_j^{(k)} \tag{2.6.3}$$

POINT

$\sum_{k \in K}$に関しては、AppendixのSection1を参考にしてください。

たとえば学習データが100個あるって考えた時に、m=10だったら$K = \{61, 53, 59, 16, 30, 21, 85, 31, 51, 10\}$みたいにランダムに10個のインデックスの集合を作って、パラメータの更新を繰り返すといいのかな？

そういうこと。こういうやり方は**ミニバッチ法**と呼ばれるよ。

最急降下法と確率的勾配降下法の間を取ったようなやり方だね。

確率的勾配降下法にしろミニバッチ法にしろ、学習率ηのことは考えないといけないんだけどね。ηを適切な値に設定するのは大事なことだよ。

そういえば学習率ってどうやって決めるのがいいの？ これも適当？

そこは難しい問題なのよね。値を変えながら試行錯誤することもあるけど、解決のためのアイデアは既にいくつかあるから調べてみると面白いと思うよ。

そうなんだ。でも、今日はいろいろ教えてもらって疲れちゃったな……。実装しはじめて困ったときに探してみようかな。

そうだね。やり始める前からなんでもかんでも一気に詰め込んでも頭がパンクしちゃうしね。

うん、ありがと！

Chapter

3

分類について学ぼう
画像サイズに基づいて分類する

今回アヤノは、ミオに「分類」について教えてもらうようです。
アヤノはファッション画像の分類がしたいようですが、
できるようになるでしょうか。
ちょっと難しい用語も登場するようですが、ミオが丁寧に教えてくれるので、
みなさんもアヤノと一緒に考えてみてくださいね。

Section 1 問題設定

じゃあ、今日は分類について見ていこう。回帰の時と同じように、具体的な例を混じえながら話を進めていくのがいいよね。

うんうん。具体例は私の将来の彼氏くらい大事。

またよくわからないたとえね……うーん、どこから話していこうかなあ。

そういえば私のWebサイト、少しお金をかけて広告出稿してみたらアクセス数が増えてきてファッション画像も溜まってきたから、ファッション画像の分類は？

画像は高次元だから、いきなり画像に関係する処理は難しいかな……。

う、そうなんだ。せっかく画像が集まってるからと思ったけど……。

じゃあ、画像の中身は見ないんだけど、画像の縦横のサイズだけを見て、その画像が縦長なのか横長なのかを分類するっていうのはどうかな。

つまり、画像を2つの分類先に分ける、**二値分類**の問題なのかな。

そういうこと。縦長なのか横長なのかは画像サイズを見ればすぐわかるけど、最初の例としてはこれくらいがちょうどいいと思うよ。

簡単なのは歓迎だけど、簡単すぎると少し面白みに欠けそうだね……。

そうなんだけどね。解きたい問題設定自体は簡単なんだけど、ちゃんと分類について説明できるような問題だから安心して。

はーい。まずは話を聞いてみないとね。

たとえばこの画像は縦長と横長のどっち？

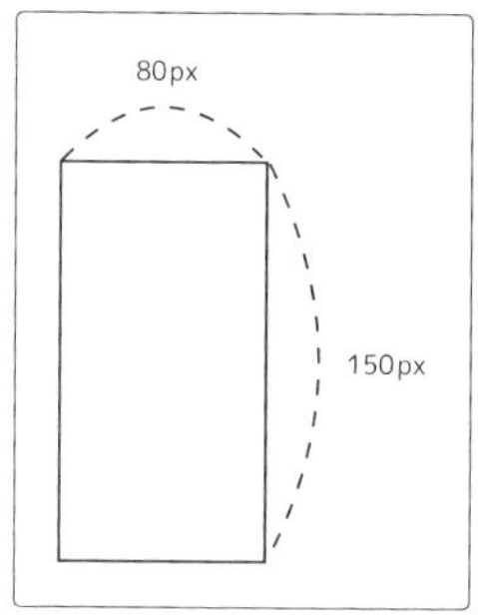

図3-1

もちろん縦長だね。

じゃあ、こっちは？

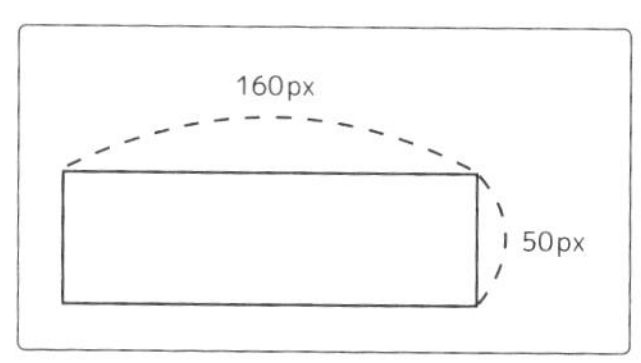

図3-2

横長だね。

ということで、こんな風に2つの学習データができたことになるね。

表3-1

横幅	高さ	形
80	150	縦長
160	50	横長

なるほど。高さと横幅の部分がデータで、形の部分がラベルってことね。

そういうこと。x軸を画像の横幅、y軸を画像の高さとすると、いまの学習データはこんな風にプロットできるけど、これは大丈夫かな？

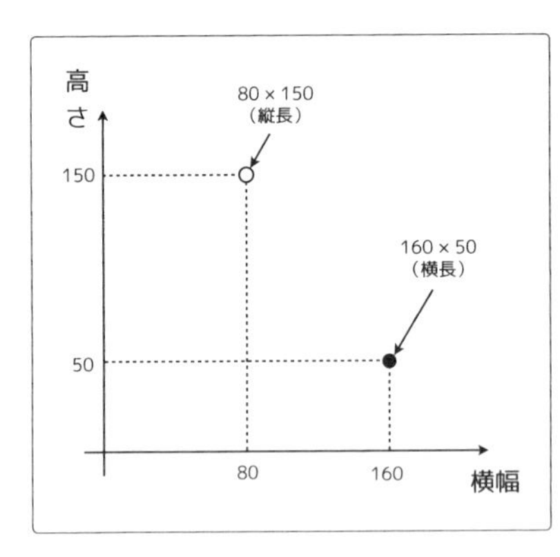

図3-3

白い点が縦長の画像で、黒い点が横長の画像ってことかな。うん、イメージはつかめた。

よかった。さすがに学習データが2つしかないと足りないから、もうちょっと増やしておこうか。

表3-2

横幅	高さ	形
80	150	縦長
60	110	縦長
35	130	縦長
160	50	横長
160	20	横長
125	30	横長

プロットするとこうかな。

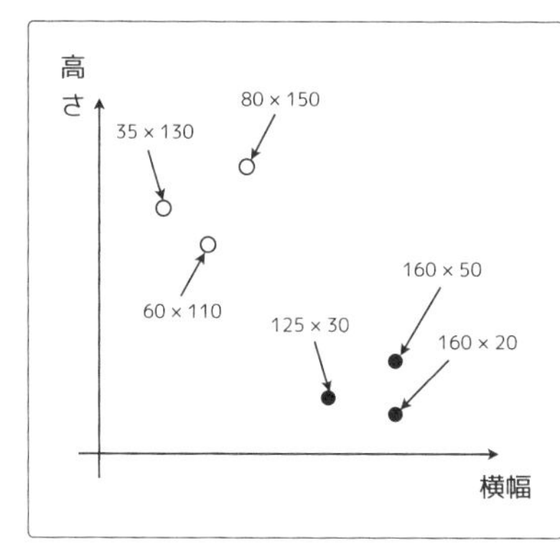

図3-4

うん、いいね。この図の中の白い点と黒い点を分割するために1本だけ線を引くとしたら、どんな風に線が引けると思う？

そんなの、こう引くに決まってるよ。

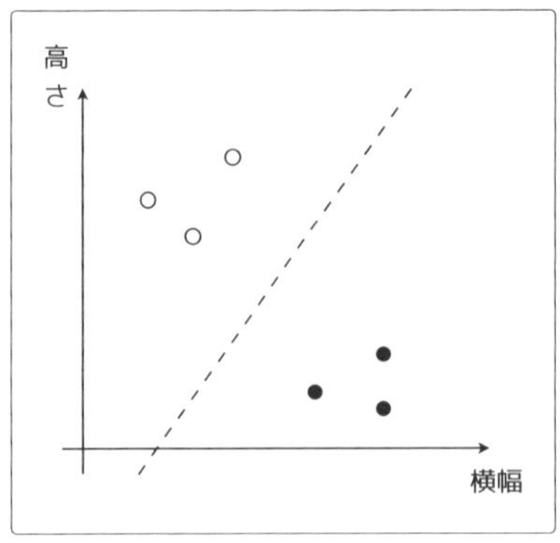

図3-5

だよね。今回の分類の目的はその線を見つけること。

なるほどね。この線がわかれば、線のどちら側にあるかで横長か縦長がわかるってことか。

Section 2 内積

線をみつけるってことは、回帰でやった時と同じように1次関数の傾きと切片を求めるってことだよね。

残念。それとはまた違うんだよね。

あれ、そうなの？ この線も切片と傾きがある1次関数のように見えるけど……。

今回は**ベクトル**を見つけるのが目的よ。

お、また出てきたベクトル……。

> **! POINT**
>
> ベクトルや、この後登場する内積に関しては、AppendixのSection5を参考にしてください。

分類の場合は図形的に解釈するとわかりやすいから大きさと向きを持ったあの矢印のベクトルをイメージしてみるといいよ。

意味がわかりません。助けてください。

さっきアヤノが引いた線は、**重みベクトル**を**法線ベクトル**とする直線になるの。重みベクトルを$\boldsymbol{w}$とすると、その直線の方程式はこんな風に表せる。

$$\boldsymbol{w} \cdot \boldsymbol{x} = 0 \tag{3.2.1}$$

あぁ、深みにハマっていくわ……。重みベクトルって一体何なの。その方程式の意味も全然わからない……。

重みベクトルは要するに私達が知りたい未知のパラメータで、$\boldsymbol{w}$っていうのは“重み”を英語で表した“Weight”の頭文字を取ったものだよ。こないだ回帰の勉強をした時に、未知のパラメータ$\boldsymbol{\theta}$を求めるためにいろいろ頑張ったよね。それと同じもの。

呼び方が違うだけで、要するにパラメータってことね。

うん。この式3.2.1、ベクトル同士の**内積**なんだけど、内積はわかる？

内積の計算の仕方なら覚えてるけど……。

実ベクトル空間の内積は各要素の積を足し上げたものだから、さっきの式はこんな風にも書けるね。

$$\boldsymbol{w} \cdot \boldsymbol{x} = \sum_{i=1}^{n} w_i x_i = 0 \tag{3.2.2}$$

そうそう。内積ってそんな感じだった。いまは横幅と高さの2次元で考えているから$n = 2$ってことでいいのかな？

そうだね。具体的に$\sum$の記号を展開するとこう。

$$\boldsymbol{w} \cdot \boldsymbol{x} = w_1 x_1 + w_2 x_2 = 0 \tag{3.2.3}$$

うん、大丈夫。あと、法線ってなんか垂直な感じなやつだっけ……。

POINT

法線に関しては、AppendixのSection6を参考にしてください。

そうね。法線は、ある直線に対して垂直なベクトルのことよ。わからない時はいつでも具体的な値を代入して考えるとわかりやすいと思うよ。たとえば重みベクトルを$\boldsymbol{w} = (1, 1)$としたら、さっきの内積の式ってどうなる？

とりあえず代入するだけでいいなら、こう？

$$\begin{aligned}\boldsymbol{w} \cdot \boldsymbol{x} &= w_1 x_1 + w_2 x_2 \\ &= 1 \cdot x_1 + 1 \cdot x_2 \\ &= x_1 + x_2 = 0\end{aligned} \tag{3.2.4}$$

そうそう。移項してもう少し変形すると$x_2 = -x_1$になるでしょ。これは要するに傾き-1の直線のことね。

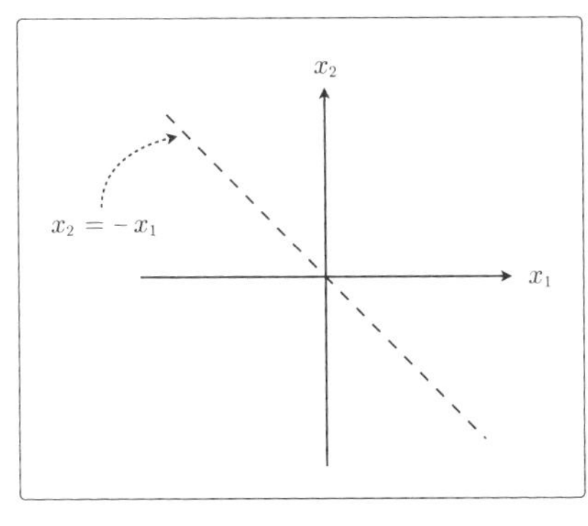

図3-6

へぇ、内積の式ってこんな直線のグラフを表していたのね。

そうだよ。この図にさっき決めた重みベクトル$\boldsymbol{w} = (1, 1)$も書き加えてみるともっとわかりやすいと思うよ。

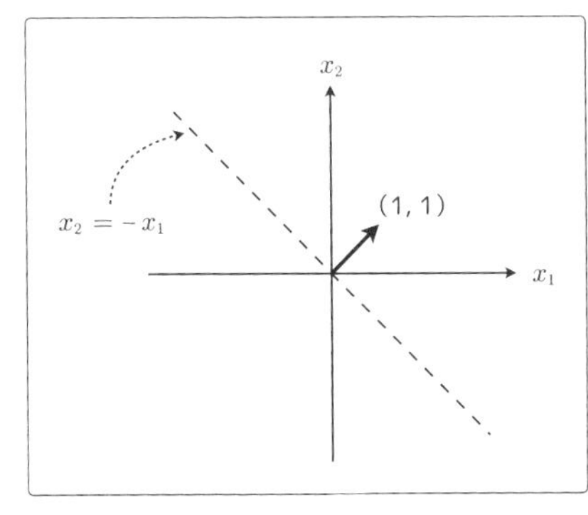

図3-7

重みベクトル$\boldsymbol{w}$が直線に対して垂直になってる！

これが"重みベクトルを法線ベクトルとする直線"の図形的な解釈。なんとなくわかった？

面白いね。図形的な解釈っていう言葉で思い出したんだけど、内積ってベクトル同士の成す角θと$\cos$(コサイン)を使った式もなかったっけ……確かこんなの。

$$\boldsymbol{w} \cdot \boldsymbol{x} = |\boldsymbol{w}| \cdot |\boldsymbol{x}| \cdot \cos\theta \tag{3.2.5}$$

内積のもう1つの式だね。それでも問題ないよ。この式の$|\boldsymbol{w}|$と$|\boldsymbol{x}|$はベクトルの長さだから必ず正の数になるよね。だから内積が0になるってことは要するに$\cos\theta = 0$ってことなの。$\cos\theta = 0$になるってことは$\theta = 90°$か$\theta = 270°$になるってこと。これは直角になってるってことよね。

そうか。そんな風に$\boldsymbol{w}$と直角になってるベクトルがたくさんあって、それ全体が直線になってるのね。

いろんな側面からのぞいてみると面白いし、より理解も深まるよね。

じゃあ、最終的には私が引いた直線に対して直角になる重みベクトルを見つけていけばいいのね。

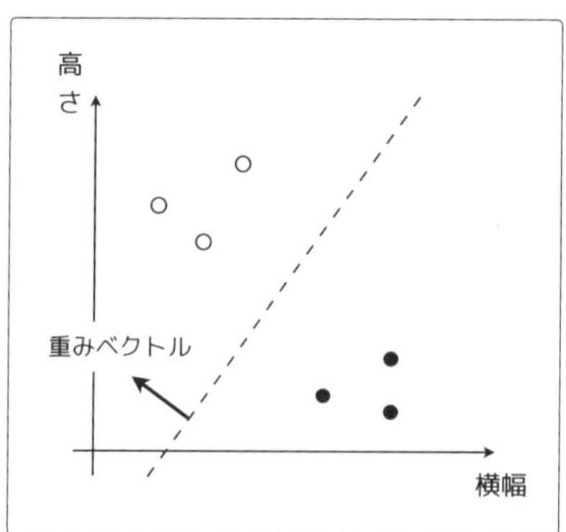

図3-8

そういうこと。もちろん最初にアヤノが引いたような直線があるわけじゃなくて、重みベクトルを学習によって見つけると、そのベクトルに対して垂直な直線がわかって、その直線によってデータが分類できる、という流れよ。

Section 3

パーセプトロン

具体的にはどうやって重みベクトルを求めていくの？

基本的には回帰でやった時と同じように、重みベクトルをパラメータとして、更新式を作ってパラメータを更新していくの。これから私が説明するのは**パーセプトロン**と呼ばれるモデルよ。

パーセプトロン！ 機械学習について調べてた時にちらっと出てきて、名前だけ知ってるけどかっこいい名前だよね。

入門としては良く出てくるね。パーセプトロンは複数の入力を受け取ってそれぞれの値に重みを掛けて足し上げたものが出力されるというモデルで、よくこんな風に表されるんだけど……。

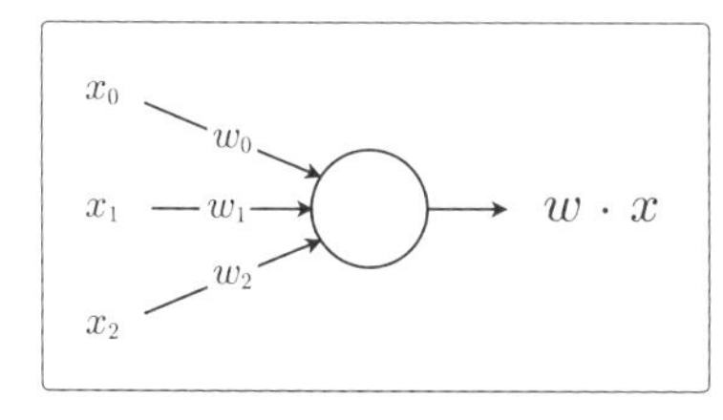

図3-9

あ、ベクトル同士の内積だね。この図も見たことあるような。

だけど、今回は図形的な視点から説明していこうかな、って思ってる。そっちの方が直感的に理解しやすいと思うのね。

そうなんだ。私は自分がちゃんと理解できれば何でもいいよ。

あと、パーセプトロンってすごく単純なモデルだから実際の問題に対して適用されることはほとんどないけど、ニューラルネットワークやディープラーニングのもとになっているモデルだから覚えておいて損はないよ。

へー、あのディープラーニングのもとになってるやつなんだ。機械学習の基礎を理解できたらディープラーニングにも取り組みたいな。いつか教えてね。

もちろん！ ちょっと話がそれたけど、パーセプトロンについて詳しく見ていこう。

パーセプトロンのパラメータ更新式ってどんなものになるの？

パラメータ更新式の前に、いくつか前準備をしたほうがいいから、先にその説明をするね。

お、なんだか面倒くさそう……。

Section 3 Step 1 学習データの準備

まず、学習データについて。横幅の軸をx_1、高さの軸をx_2として、横長と縦長については、横長を1、縦長を-1としてyで表す。これは大丈夫かな？

大丈夫。表にするとこうなるのかな。

表3-3

画像サイズ	形	x_1	x_2	y
80 × 150	縦長	80	150	-1
60 × 110	縦長	60	110	-1
35 × 130	縦長	35	130	-1
160 × 50	横長	160	50	1
160 × 20	横長	160	20	1
125 × 30	横長	125	30	1

うん、いいね。そしてベクトル$\boldsymbol{x}$を与えると、横長か縦長を判定する関数、つまり1または-1を返す関数$f_{\boldsymbol{w}}(\boldsymbol{x})$をこう定義する。この関数のことは「**識別関数**」と呼ぶよ。

$$f_{\boldsymbol{w}}(\boldsymbol{x}) = \begin{cases} 1 & (\boldsymbol{w} \cdot \boldsymbol{x} \geq 0) \\ -1 & (\boldsymbol{w} \cdot \boldsymbol{x} < 0) \end{cases} \tag{3.3.1}$$

要するに内積の符号によって返す値が変わる関数ってこと？ こんなので横長か縦長を判定できるの？

一緒に考えてみようか。たとえば重みベクトル$\boldsymbol{w}$に対して内積が負になるベクトル$\boldsymbol{x}$ってどんなベクトルだろう。図形的な解釈をした方がわかりやすいから、$\cos$が含まれたこの式で考えてみるといいよ。

$$\boldsymbol{w} \cdot \boldsymbol{x} = |\boldsymbol{w}| \cdot |\boldsymbol{x}| \cdot \cos\theta \tag{3.3.2}$$

内積が負になるベクトルか……。$|\boldsymbol{w}|$と$|\boldsymbol{x}|$はさっきミオが言ったように必ず正の数になるんだよね。ということは、内積の符号を決めるのは$\cos\theta$ってこと？

そうそう、いいね。$\cos\theta$のグラフを思い出してみよう。負になるのってどんな時？

$\cos\theta$のグラフってこんなんだったよね……。

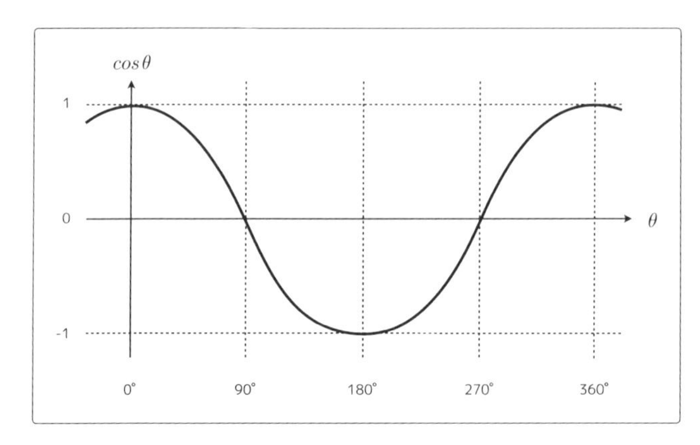

図3-10

$\cos\theta$が負になるのは$90° < \theta < 270°$ってことかな？

正解！ じゃあ、そういうベクトルは図形的にはどんな位置にあるかな。

重みベクトル$\boldsymbol{w}$との成す角θが$90° < \theta < 270°$の範囲内にあるベクトル全体ってことだから……もしかして直線を挟んで重みベクトルと反対側の領域ってこと？

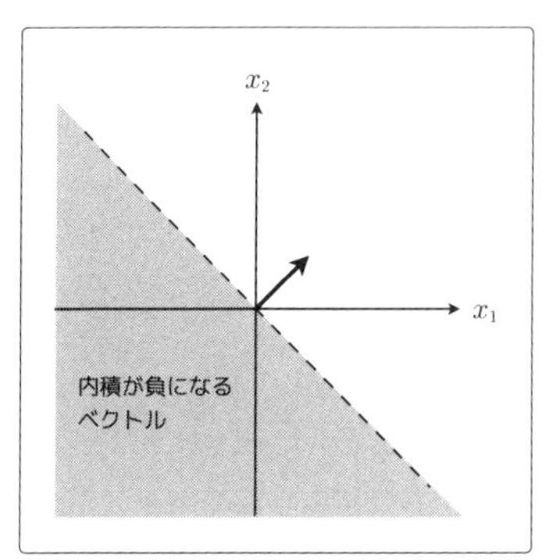

図3-11

そういうこと！ここまできたら内積が正になるベクトルもわかるよね。

負になる領域とは反対側ってことね。

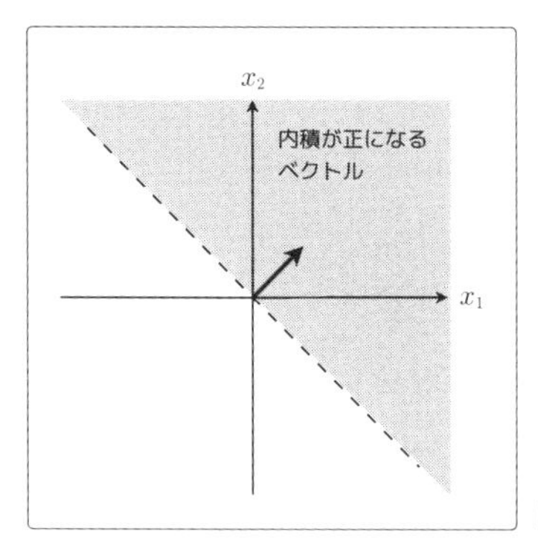

図3-12

その通り。こんな風に具体的に頭でイメージできるようになるっていうのは大事なことだよ。

内積が正か負かで、ちゃんと分割できるんだね。すごいね。

内積は、ベクトル同士がどれだけ似ているかっていう指標なんだよ。符号が正だと似ていて、0で直角、負になると似ていないってことになる。

内積ってそういう意味があったんだね……。学校で習ったかもしれないけど、全部忘れてたよ。

使わないと忘れちゃうからね。

| Section 3 | Step 2 | 重みベクトルの更新式 |

Section 3 Step 2 重みベクトルの更新式

さてと、これで準備は終わり。これまでのことを踏まえて、重みベクトルの更新式はこんな風に定義できる。

$$\boldsymbol{w} := \begin{cases} \boldsymbol{w} + y^{(i)}\boldsymbol{x}^{(i)} & (f_{\boldsymbol{w}}(\boldsymbol{x}^{(i)}) \neq y^{(i)}) \\ \boldsymbol{w} & (f_{\boldsymbol{w}}(\boldsymbol{x}^{(i)}) = y^{(i)}) \end{cases} \tag{3.3.3}$$

iは回帰の時にも出てきたけど、学習データのインデックスのことで、決してi乗という意味じゃないから気をつけてね。これをすべての学習データに対して繰り返し処理して重みベクトルを更新していくの。

はー、なんかまたごちゃごちゃした式だね……。

突然わからない式が出てきた時は、いったん落ち着いて。全体がごちゃごちゃしてるのはそうなんだけど、1つ1つの式はそんなに難しくないから、それぞれの式の意味をじっくり考えてからゆっくり全体を理解していけば大丈夫だから。これまでもそうだったでしょ？

まあそれは確かに……。じゃあ、最初は上の式のカッコの中にある$f_{\boldsymbol{w}}(\boldsymbol{x}^{(i)}) \neq y^{(i)}$から考えてみようかな。

そうだね。その式はどういうことを表してると思う？

横幅と高さのベクトル$\boldsymbol{x}$を識別関数に通して分類した結果と、実際のラベルyが異なっている、ってことだよね。識別関数による分類がうまくいかなかったってことなのかな。

そうそう。そういう意味だよ。じゃあ、もう1つの$f_{\boldsymbol{w}}(\boldsymbol{x}^{(i)}) = y^{(i)}$は？

そっちは識別関数による分類がうまくいったってことね。

つまりさっきのパラメータ更新式は、識別関数による分類に失敗した時だけ新しいパラメータに更新されるってこと。

あーなるほど。分類に成功した時は、そのまま$\boldsymbol{w}$を代入してるから何も変わらないんだね。

うん、そういうこと。じゃあ、今度は分類に失敗した時の更新式について考えよう。

$\boldsymbol{w} := \boldsymbol{w} + y^{(i)}\boldsymbol{x}^{(i)}$の方だよね。これよくわかんない……。

これは式だけ眺めてても難しいかもしれないね。実際に学習の過程を図を書きながら考えてみた方がわかりやすいかも。まずは図に適当な重みベクトルと直線を書いてみて。

適当な重みベクトル……。適当でいいなら、こんな風に左下を向いててもいいの？

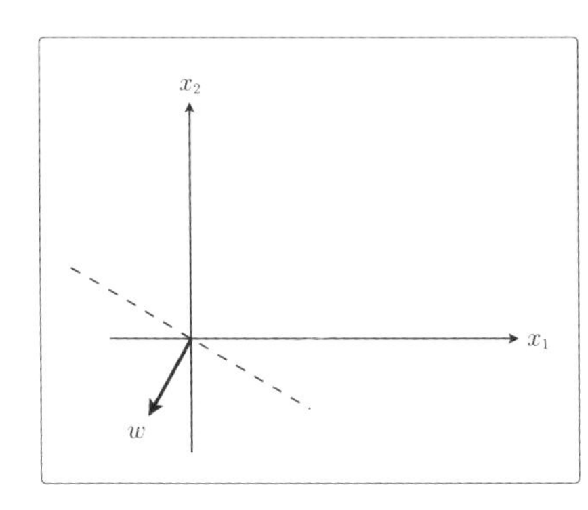

図3-13

うん、それでいいよ。重みベクトルはランダムな値で初期化するから、まず最初はアヤノが書いたような適当なベクトルになってる。

回帰の時に初期値を適当に決めたのと同じってことね。

その状態で、最初の学習データとして$\boldsymbol{x}^{(1)} = (125, 30)$というデータがあったとすると、まずはこれでパラメータを更新することを考えてみるよ。

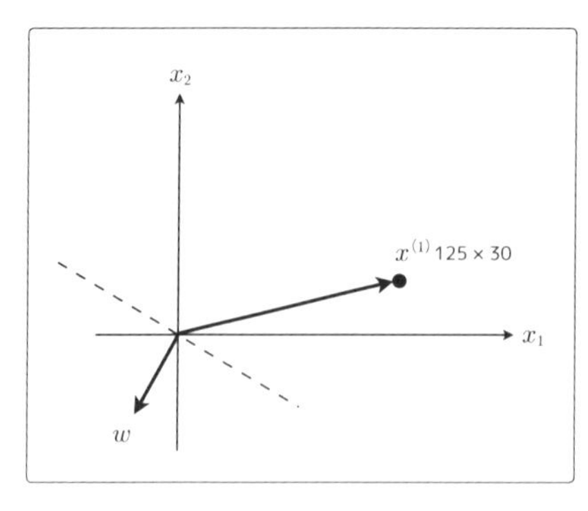

図3-14

これ、表3-3で列挙した学習データのうちの1つだよね？ ラベルとしては横長で1になってるやつ。

表3-4

画像サイズ	形	x_1	x_2	y
125 × 30	横長	125	30	1

そうそう。それで、いま重みベクトル$\boldsymbol{w}$と学習データのベクトル$\boldsymbol{x}^{(1)}$がそれぞれあるけど、お互いのベクトルはほぼ反対を向いてるから、$\boldsymbol{w}$と$\boldsymbol{x}^{(1)}$の成す角θは$90^\circ < \theta < 270^\circ$になって、内積は負になるよね。
ということは、識別関数$f_{\boldsymbol{w}}(\boldsymbol{x}^{(1)})$による分類は-1になる。ここまでは大丈夫？

うん。その学習データ$\boldsymbol{x}^{(1)}$のラベル$y^{(1)}$は1だから、$f_{\boldsymbol{w}}(\boldsymbol{x}^{(1)}) \neq y^{(1)}$になって分類に失敗したっていう状態ね。

じゃあ、ここでさっきの更新式が適用されるよね。いま$y^{(1)} = 1$だから更新式はこうなる。単純なベクトルの足し算よ。

$$\boldsymbol{w} + y^{(1)}\boldsymbol{x}^{(1)} = \boldsymbol{w} + \boldsymbol{x}^{(1)} \tag{3.3.4}$$

ベクトルの足し算くらいなら私にも……。$\boldsymbol{w}+\boldsymbol{x}^{(1)}$はこうかな。

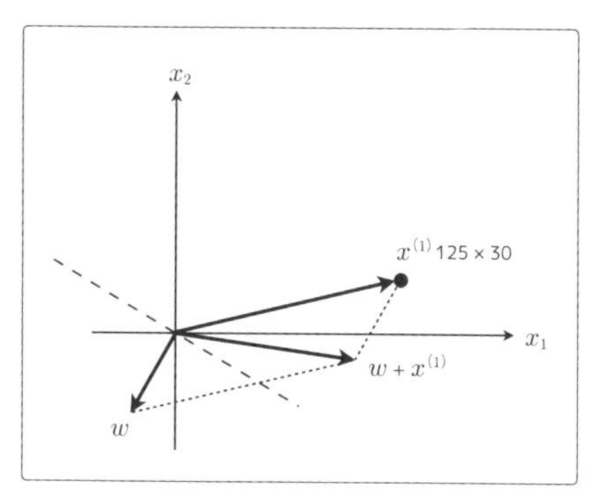

図3-15

そう。その$\boldsymbol{w}+\boldsymbol{x}^{(1)}$が新しい次の$\boldsymbol{w}$になるわけだから、新しい重みベクトルに垂直な直線を引いてみると線が回転してるよね。

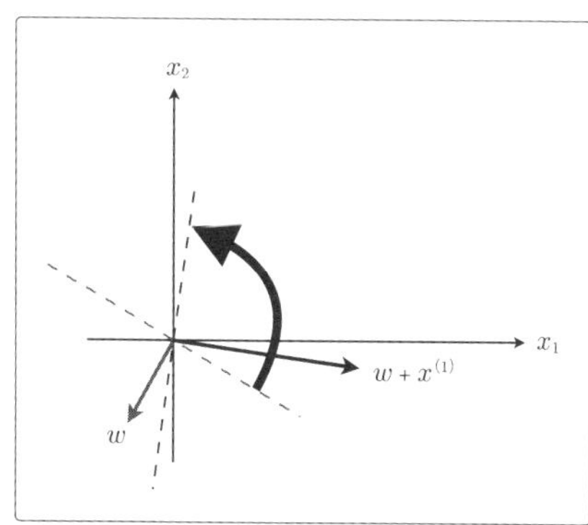

図3-16

ほんとうだ！ これ、さっきは$\boldsymbol{x}^{(1)}$が直線を挟んで重みベクトルとは反対側にあったけど、いまは同じ側にあるね。

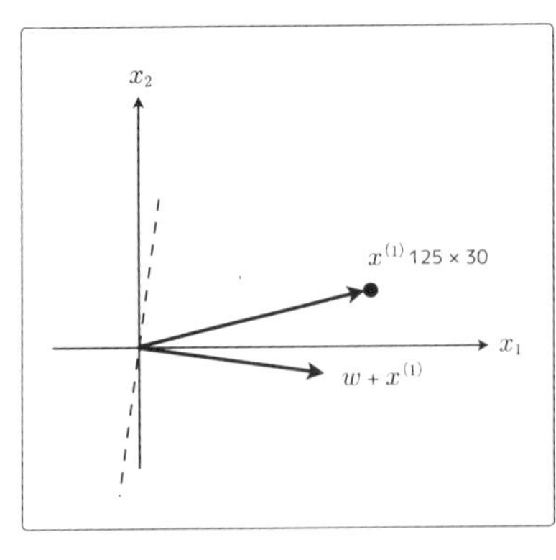

図3-17

うん。今度は$\theta < 90°$になってるから、内積が正になって識別関数$f_{\boldsymbol{w}}(\boldsymbol{x})$による分類は1になるよね。そして$\boldsymbol{x}^{(1)}$のラベルも1だから、分類に成功してることがわかるね。

へー、こうやってパラメータの重みベクトルが更新されていくんだね。

いまはラベルの値が$y = 1$だったけど、$y = -1$の場合でも、更新式のベクトルの足し算が引き算になるだけでやっていることは同じ。

足し算と引き算の違いはあるけど、分類に失敗したら重みベクトルが更新されて、その分だけ直線が回転するってことね。

そういうこと。この更新をすべての学習データについて繰り返していくのがパーセプトロンの学習よ。

このパーセプトロンを使って、ファッション画像の分類なんかをやってみたいなあ。

画像の分類かあ……。残念だけど、それはちょっと無理かもね。

Section 4

線形分離可能

あれ、そうなの……。パーセプトロンが単純なモデルだから？

そうね。パーセプトロンはとてもシンプルで理解もしやすいんだけど、その分デメリットも大きいんだよね。

世の中そんなに甘くないってことか……。

まあまあ。別にパーセプトロンの勉強が無駄なわけじゃないし、基礎を理解して手法のメリット・デメリットを知るのも大事なことだよ。

パーセプトロンのデメリットってなに？

最も大きな問題は**線形分離可能な問題しか解けない**ってこと。

なにそれ。線形分離可能……？

さっきは学習データを直線を使って分類しようとしたよね。じゃあ、たとえばマルが1で、バツが－1になるような、こんな学習データがあったとした場合、これを分類するために1本だけ直線を引くとしたら、どんな線を引く？

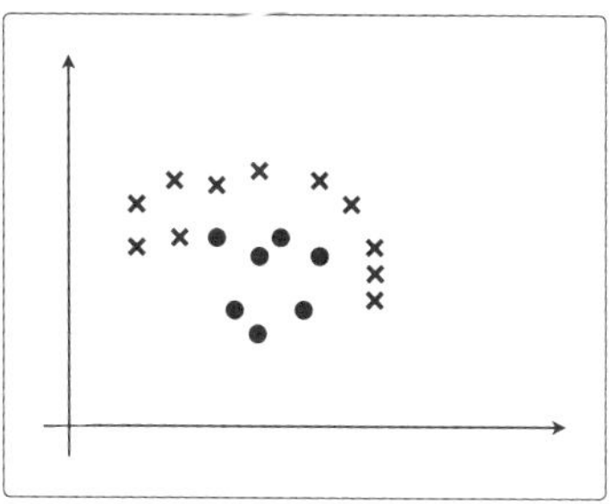

図3-18

いやいや、こんなのどうやっても直線１本じゃ分類できないでしょ（笑）

そう、できないんだよ。線形分離可能っていうのは、直線を使って分類できる状態のことを言うんだけど、こんな風に直線だと分類できないような場合は線形分離可能じゃない。

じゃあ、画像の分類なんかは線形分離可能じゃない、ってことなのか……。

画像は普通、入力がとても高次元になるから可視化はできないんだけど、画像の特徴をつかんで分類しようとするタスクはそんなに単純じゃないからね。ほとんどの場合が線形分離不可能だと思うよ。

そういえば、パーセプトロンって単純だから実際の問題に適用されることはほとんどない、とか言ってたね……。

そうね。これまで説明してきたパーセプトロンは、単純パーセプトロンや単層パーセプトロンって呼ばれることもあってね。それ単体だとほんとに貧弱なモデルなんだけど、単層って言われるくらいだから多層パーセプトロンって呼ばれるものもあって、実はそれが**ニューラルネットワーク**なの。

おお、そうなんだ。ニューラルネットワークは、なんかすごいんでしょ。

そうね、とても表現力が高いモデルよ。ただ、それはまた話がずれるから別の機会に話そうか。

パーセプトロンが使えないなら、他に良い解決策はないの？

パーセプトロンとはまた違うけど、ちゃんと線形分離不可能な問題にも適用できるアルゴリズムもあるから、そっちの方が実用的だね。

じゃ、ちょっと休憩してからそれも教えてください！

Section 5

ロジスティック回帰

やっぱり基礎的なテクニックだとなかなか実践に応用できないもんなんだね。

そうねえ。でも仕組みを理解しておくことは大事だと思うよ。

基礎あっての応用だもんね。線形分離不可能な問題にも適用可能なアルゴリズムってどういうものがあるの？

じゃあ、さっきと同じように画像を横長と縦長に分類する例を使って考えてみようか。

ん、それって線形分離可能な問題じゃないの？ 線形分離不可能な問題やらないの？

これから説明するアルゴリズムはパーセプトロンとはまた違うアプローチだから、まずは線形分離可能な問題から考えたほうが基礎を理解できて良いと思ってね。

やっぱり基礎力が大事ってことね……。

まあそうね。まずは基礎から。それで、アプローチが違うっていうのは、分類を確率として考えるってことなの。

え、確率？ 縦長である確率が80%で、横長である確率が20%ある、みたいな？

そう、冴えてるね！ あと、ここでは横長を1、縦長を0にするよ。

あれ、パーセプトロンの時と違うね。縦長は-1じゃなかった？

それぞれで違う値だったら別に何でもいいんだけど、パーセプトロンの時に1と-1をそれぞれ割り当てたのはその方がパラメータの更新式を簡潔に書けるからよ。いまは1と0を割り当てたほうが更新式が簡潔に書けるの。

へー、そのあたりはやりやすいように自由に決めて良いんだね。

Section 5 Step 1 シグモイド関数

じゃあ話を進めるけど、回帰の時にパラメータ付きのこんな関数を定義したの覚えてる？

$$f_{\boldsymbol{\theta}}(\boldsymbol{x}) = \boldsymbol{\theta}^{\mathrm{T}}\boldsymbol{x} \tag{3.5.1}$$

うん、覚えてるよ。最急降下法か確率的勾配降下法を使ってパラメータのθを学習するんだよね。そのθを使って未知のデータ$\boldsymbol{x}$に対する出力値を求めることができる。

ここでも考え方は同じで、未知のデータがどのクラスに分類されるかを求める関数$f_{\boldsymbol{\theta}}(\boldsymbol{x})$が必要になってくる。

パーセプトロンでやった識別関数$f_{\boldsymbol{w}}(\boldsymbol{x})$みたいなもの？

そうね。役割は同じものだね。パラメータは回帰の時と同じようにθを使うとすると、関数の形はこんな風になる。

$$f_{\boldsymbol{\theta}}(\boldsymbol{x}) = \frac{1}{1 + \exp(-\boldsymbol{\theta}^{\mathrm{T}}\boldsymbol{x})} \tag{3.5.2}$$

きたきた。急に難易度が上がってきた！

いつものパターンね……。落ち着いて1つずつ考えれば大丈夫だから。

$\exp(-\boldsymbol{\theta}^{\mathrm{T}}\boldsymbol{x})$ってなんだっけ……？

exp（エクスポネンシャル）は指数関数ね。$\exp(x)$とe^xは同じ意味で、ただの書き方の問題よ。eっていうのは**ネイピア数**と呼ばれる定数で、具体的には$2.7182\cdots$という値を持つの。

なるほど。ということは、$\exp(-\boldsymbol{\theta}^{\mathrm{T}}\boldsymbol{x})$は$e^{-\boldsymbol{\theta}^{\mathrm{T}}\boldsymbol{x}}$という風に書き換えることもできるってことね。

そうね。指数部分が複雑になると小さい文字では見えにくくなってしまうから、そういう時はこのexpの表記を使うことが多いよ。

なるほどね、確かにexpを使ったほうが見やすいね。

話を戻すと、この関数は**シグモイド関数**っていう名前が付いてて、$\boldsymbol{\theta}^{\mathrm{T}}\boldsymbol{x}$を横軸、$f_{\boldsymbol{\theta}}(\boldsymbol{x})$を縦軸だとすると、こういう形をしてる。

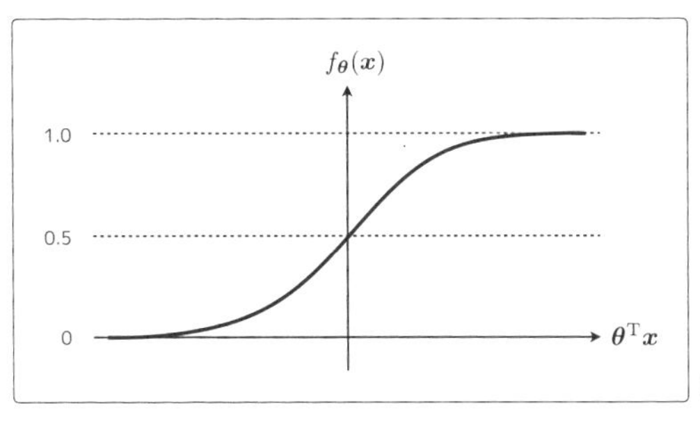

図3-19

へえ、すごくキレイな形。なめらかなだね。

$\boldsymbol{\theta}^{\mathrm{T}}\boldsymbol{x} = 0$の時に$f_{\boldsymbol{\theta}}(\boldsymbol{x}) = 0.5$になっているのと、$0 < f_{\boldsymbol{\theta}}(\boldsymbol{x}) < 1$っていうのがシグモイド関数の特徴ね。

関数の形はわかったけど、こんなもので本当に分類ができるの？

まず、さっき分類を確率で考えるって言ったけど、シグモイド関数は$0 < f_{\boldsymbol{\theta}}(\boldsymbol{x}) < 1$だから確率として扱えるの。

あー、なるほど。でもシグモイド関数が確率として扱えるのはわかるけど、そうだとしてもそれを使ってデータを分類できるイメージがわかないな。

それはこれから一緒に見ていこうね。

Section 5 | Step 2 | 決定境界

式3.5.2の$f_{\boldsymbol{\theta}}(\boldsymbol{x})$が確率として扱えるという話をしたけど、これからは未知のデータ$\boldsymbol{x}$が横長だという確率を$f_{\boldsymbol{\theta}}(\boldsymbol{x})$ってことにするよ。式にするとこうなる。

$$P(y = 1|\boldsymbol{x}) = f_{\boldsymbol{\theta}}(\boldsymbol{x}) \tag{3.5.3}$$

あ、これなんだっけ……。確率の記号？Pの中の縦棒は条件付き確率だっけ……。

そう、**条件付き確率**。$\boldsymbol{x}$というデータが与えられた時に$y = 1$、つまり横長になる確率ってこと。たとえば$f_{\boldsymbol{\theta}}(\boldsymbol{x})$を計算して$0.7$になったとすると、これってどういうことだと思う？

$f_{\boldsymbol{\theta}}(\boldsymbol{x}) = 0.7$ってことは、横長である確率が70%だってことだよね……。普通に考えて$\boldsymbol{x}$は横長だ、って分類されたってこと？

じゃあ、今度は$f_{\boldsymbol{\theta}}(\boldsymbol{x}) = 0.2$だったら？

横長の確率が20%で、縦長の確率が80%だから、縦長の方に分類された状態かな。

そうね。アヤノはいま$f_{\boldsymbol{\theta}}(\boldsymbol{x})$の結果を見て0.5をしきい値として横長か縦長かを分類してるはずよ。

$$y = \begin{cases} 1 & (f_{\boldsymbol{\theta}}(\boldsymbol{x}) \geq 0.5) \\ 0 & (f_{\boldsymbol{\theta}}(\boldsymbol{x}) < 0.5) \end{cases} \tag{3.5.4}$$

あ、確かに……。別に意識はしてなかったけど、よく考えてみると私そうやって分類してたんだ。

このしきい値の0.5っていう値に注目して欲しいんだけど、さっきシグモイド関数の形を見た時にも0.5っていう値が出てきたよね。

出てきたね。$\boldsymbol{\theta}^{\mathrm{T}}\boldsymbol{x} = 0$の時に$f_{\boldsymbol{\theta}}(\boldsymbol{x}) = 0.5$になってるんだよね。

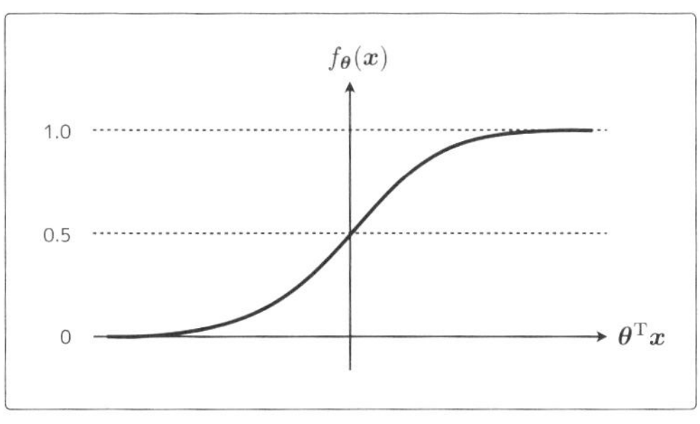

図3-20

そう。グラフを見るとわかると思うけど、$f_{\boldsymbol{\theta}}(\boldsymbol{x}) \geq 0.5$ということは、言い換えれば$\boldsymbol{\theta}^{\mathrm{T}}\boldsymbol{x} \geq 0$ということ。わかる？

うん、グラフを見ると確かにそうなってるね。逆に$f_{\boldsymbol{\theta}}(\boldsymbol{x}) < 0.5$ってことは$\boldsymbol{\theta}^{\mathrm{T}}\boldsymbol{x} < 0$ね。

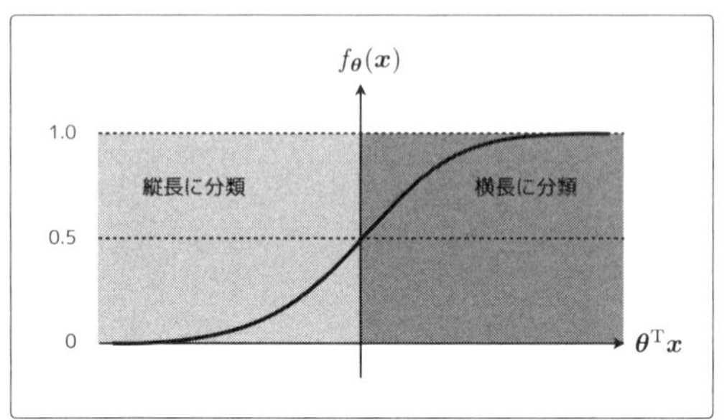

図3-21

そういうこと。だから、式3.5.4はこんな風に書き直すことができるの。

$$y = \begin{cases} 1 & (\boldsymbol{\theta}^{\mathrm{T}}\boldsymbol{x} \geq 0) \\ 0 & (\boldsymbol{\theta}^{\mathrm{T}}\boldsymbol{x} < 0) \end{cases} \tag{3.5.5}$$

まあ、わかるけど、書き直す意味あるの？

じゃあ、今度はパーセプトロンの時と同じように横軸が画像の横幅(x_1)、縦軸が画像の高さ(x_2)のグラフで考えてみるよ。

図3-4のような、学習データをプロットしていたやつね。

そうね。回帰の時と同じように適当に$\boldsymbol{\theta}$を決めて具体的に考えてみようか。たとえば……$\boldsymbol{\theta}$がこういうベクトルだった時、$\boldsymbol{\theta}^{\mathrm{T}}\boldsymbol{x} \geq 0$をグラフに書いてみよう。

$$\boldsymbol{\theta} = \begin{bmatrix} \theta_0 \\ \theta_1 \\ \theta_2 \end{bmatrix} = \begin{bmatrix} -100 \\ 2 \\ 1 \end{bmatrix}, \quad \boldsymbol{x} = \begin{bmatrix} 1 \\ x_1 \\ x_2 \end{bmatrix} \tag{3.5.6}$$

わかった。えーと、とりあえず代入してわかりやすいように変形して……

$$\boldsymbol{\theta}^{\mathrm{T}}\boldsymbol{x} = -100 \cdot 1 + 2x_1 + x_2 \geq 0$$

$$x_2 \geq -2x_1 + 100 \tag{3.5.7}$$

いいね。式はあってるよ。この不等式で表される領域が横長と分類される、ってことよ。

この不等式のグラフは……こんな感じ？

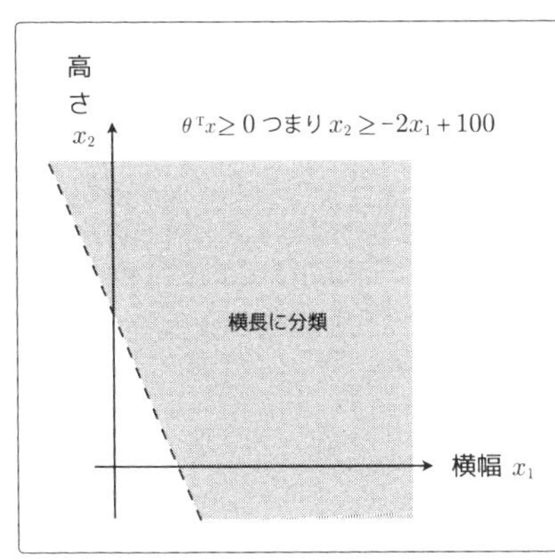

図3-22

そうそう。じゃあ、縦長と分類される領域は？

その反対側ってことね。

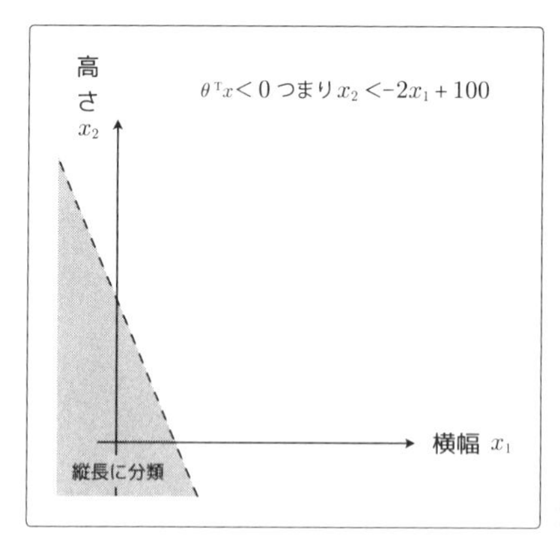

図3-23

要するに$\boldsymbol{\theta}^{\mathrm{T}}\boldsymbol{x} = 0$という直線を境界線として、片方が横長、もう片方が縦長、という風に分類できるってことよ。

なるほどね！ これ、直感的でわかりやすいね。

こんな風に、データを分類するための直線のことを**決定境界**って言うよ。

この決定境界、実際には横長と縦長を正しく分類できてなさそうだけど、それはミオが適当にパラメータを決めたからよね？

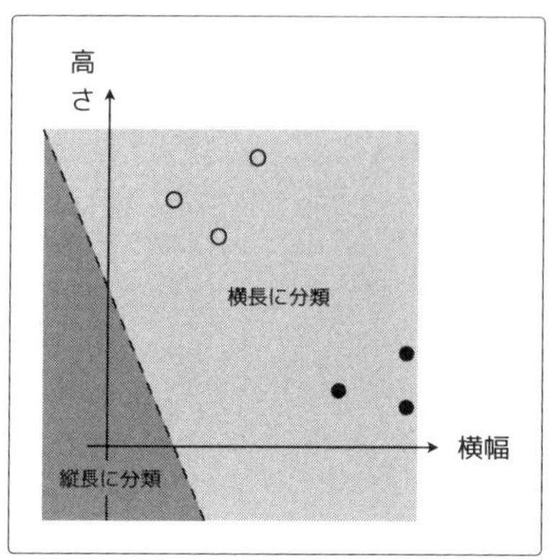

図3-24

そうそう。回帰の時と同じ。私が適当にパラメータを決めたから。じゃあ、次は何をしていくか想像つくかな？

正しいパラメータ$\boldsymbol{\theta}$を求めるために、**目的関数**を定義して微分してパラメータの更新式を求める？

正解！このアルゴリズムは**ロジスティック回帰**と呼ばれるよ。

Section 6 尤度関数

じゃあ、パラメータの更新式を一緒に求めていこう。

回帰でやった時と同じだよね。もう私できるよ。

残念ながらロジスティック回帰は別の目的関数があるんだよね。

えっ、そうなの？ 最小二乗法とは違うんだね……。じゃあ、ロジスティック回帰の目的関数ってどんな形になるの？

最初の方で、$\boldsymbol{x}$が横長である確率$P(y=1|\boldsymbol{x})$を$f_{\boldsymbol{\theta}}(\boldsymbol{x})$と定義したよね。それを踏まえた上で、学習データのラベルyと$f_{\boldsymbol{\theta}}(\boldsymbol{x})$ってどういう関係にあるのが理想？

そういえば回帰の時も同じ質問があったね。んと……$f_{\boldsymbol{\theta}}(\boldsymbol{x})$は$\boldsymbol{x}$が横長である確率なんだから……$y=1$の時は$f_{\boldsymbol{\theta}}(\boldsymbol{x})=1$で、$y=0$の時は$f_{\boldsymbol{\theta}}(\boldsymbol{x})=0$になってるのが理想かな？

そうそう。それって、実はこんな風にも言い換えることができる。わかる？

- $y = 1$の時は、確率$P(y = 1|\boldsymbol{x})$が最大になって欲しい
- $y = 0$の時は、確率$P(y = 0|\boldsymbol{x})$が最大になって欲しい

うん、大丈夫。$P(y = 1|\boldsymbol{x})$が横長である確率で、$P(y = 0|\boldsymbol{x})$が縦長である確率だよね。

そうだね。これをすべての学習データについて当てはめていくの。最初に列挙した6個の学習データそれぞれに対して最大になって欲しい確率はこうなる。

表3-5

画像サイズ	形	y	確率
80×150	縦長	0	$P(y = 0\|\boldsymbol{x})$が最大になって欲しい
60×110	縦長	0	$P(y = 0\|\boldsymbol{x})$が最大になって欲しい
35×130	縦長	0	$P(y = 0\|\boldsymbol{x})$が最大になって欲しい
160×50	横長	1	$P(y = 1\|\boldsymbol{x})$が最大になって欲しい
160×20	横長	1	$P(y = 1\|\boldsymbol{x})$が最大になって欲しい
125×30	横長	1	$P(y = 1\|\boldsymbol{x})$が最大になって欲しい

そして、すべての学習データはお互い関係なく独立に発生すると考えると、この場合の全体の確率はこういう同時確率で表せる。

$$L(\boldsymbol{\theta}) = P(y^{(1)} = 0|\boldsymbol{x}^{(1)})P(y^{(2)} = 0|\boldsymbol{x}^{(2)}) \cdots P(y^{(6)} = 1|\boldsymbol{x}^{(6)}) \tag{3.6.1}$$

全部の確率を掛け合わせるってこと……？

サイコロを2回投げることを考えてみると良いよ。1回目に1の目が出て、2回目に2の目が出る確率は？って聞かれたら、まず$\frac{1}{6}$で1が出て、次に$\frac{1}{6}$で2が出て、それが続けて起こる確率は掛け算でこうやって計算するでしょ。

$$\frac{1}{6} \cdot \frac{1}{6} = \frac{1}{36} \tag{3.6.2}$$

あーなるほど。1 番目が$P(y^{(1)}=0|\boldsymbol{x}^{(1)})$の確率で、2番目が$P(y^{(2)}=0|\boldsymbol{x}^{(2)})$の確率で……というのが6回連続で起こった時の確率ね。

そういうこと。そして、いまの同時確率の式は実は一般化することができて、こんな風に書けるの。

$$L(\boldsymbol{\theta})=\prod_{i=1}^{n}P(y^{(i)}=1|\boldsymbol{x}^{(i)})^{y^{(i)}}P(y^{(i)}=0|\boldsymbol{x}^{(i)})^{1-y^{(i)}} \tag{3.6.3}$$

POINT

$\prod$(パイ)に関しては、AppendixのSection1を参考にしてください。

……なにこれ！

ってなるよね……。まあごちゃごちゃしてるけど、いつものように1つ1つ理解していけば難しくないから。

そうだね、まずは落ち着こう。いやでも、どこから見ていけば……。

$y^{(i)}$が1の場合と0の場合で、$P(y^{(i)}=1|\boldsymbol{x}^{(i)})^{y^{(i)}}P(y^{(i)}=0|\boldsymbol{x}^{(i)})^{1-y^{(i)}}$をそれぞれ考えてみるといいよ。$P$の右上についてる$y^{(i)}$と$1-y^{(i)}$は指数を表してるからね。

それぞれで考えるのね……。とりあえず指数部の$y^{(i)}$に1を代入してみる。

$$\begin{aligned}&P(y^{(i)}=1|\boldsymbol{x}^{(i)})^{1}P(y^{(i)}=0|\boldsymbol{x}^{(i)})^{1-1}\\&=P(y^{(i)}=1|\boldsymbol{x}^{(i)})^{1}P(y^{(i)}=0|\boldsymbol{x}^{(i)})^{0}\\&=P(y^{(i)}=1|\boldsymbol{x}^{(i)})\end{aligned} \tag{3.6.4}$$

ああ、$y^{(i)} = 1$の確率だけ残った。ということは、$y^{(i)} = 0$の時も同じ……？

$$
\begin{aligned}
&P(y^{(i)} = 1|\boldsymbol{x}^{(i)})^0 P(y^{(i)} = 0|\boldsymbol{x}^{(i)})^{1-0} \\
&= P(y^{(i)} = 1|\boldsymbol{x}^{(i)})^0 P(y^{(i)} = 0|\boldsymbol{x}^{(i)})^1 \\
&= P(y^{(i)} = 0|\boldsymbol{x}^{(i)})
\end{aligned} \tag{3.6.5}
$$

そういうこと。どんな数字でも0乗すると1になるという事実を利用した式だね。理解できたかな？

なるほど。でも、よくこんな式を思いつくよね……。

場合分けするより1つの式にまとまってる方が表記が簡単だからね。

そういうものなんだね。まあ、とにかくこれで目的関数がわかったってことね。

そうだね。これからはこの目的関数を最大化するパラメータ$\boldsymbol{\theta}$を考えていくよ。

あ、そうか。回帰の時は誤差だったから最小化したけど、いま考えてるのは同時確率で、確率が高くなって欲しいから最大化するってことか……。あってる？

あってるよ。ここでの目的関数$L(\boldsymbol{\theta})$は**尤度**(ゆうど)とも呼ばれていて、関数の名前のLは尤度を英語で言った時のLikelihoodの頭文字から取られてる。

尤度……。そんな漢字がこの世に存在していたの。

もっともらしい、という意味で、尤度$L(\boldsymbol{\theta})$が最も大きくなるようなパラメータ$\boldsymbol{\theta}$が学習データをもっともらしく説明できていると考えるの。

うーん、なんか難しいぞ……。

尤度は理解しにくい概念だと思うから、ここではわからなくて大丈夫。単語と読み方だけ覚えておけばいいよ。

そうなんだ。ちょっと安心。

Section 7 対数尤度関数

じゃあ、これから尤度関数を微分して、パラメータ$\boldsymbol{\theta}$を求めていけばいいんだね。

そう。でも、尤度関数そのままじゃすごく扱いにくいから、微分する前にちょっと変形しよう。

ん、扱いにくいってどういうこと？

まず同時確率だということ。確率ってどれも1以下の数になるから、同時確率のような確率の掛け算はどんどん値が小さくなっていくんだよ。

ああ、確かにそうだね……。あんまり小さすぎる値だとプログラミングする時に精度が問題になるよね。

だよね。それが1つ目の扱いにくさ。それからもう1つ、掛け算という点。掛け算は足し算に比べて計算が大変だからね。

まあ足し算の方が簡単なのはそうだと思うけど……そういう問題点を解決できる方法があるってこと？

尤度関数の対数(たいすう)を取ればいい。こんな風に両辺にlogをつけるの。

$$\log L(\boldsymbol{\theta}) = \log \prod_{i=1}^{n} P(y^{(i)} = 1|\boldsymbol{x}^{(i)})^{y^{(i)}} P(y^{(i)} = 0|\boldsymbol{x}^{(i)})^{1-y^{(i)}} \tag{3.7.1}$$

POINT

対数に関しては、AppendixのSection7を参考にしてください。

パッと見ただけだと、むしろ余計に難しくなってそう……。回帰の時も勝手に定数を掛けてたけど、勝手に対数をとるっていうのも大丈夫なの？

そう、問題ないよ。logは単調増加関数だからね。logのグラフの形おぼえてる？

確かこんな感じだよね。

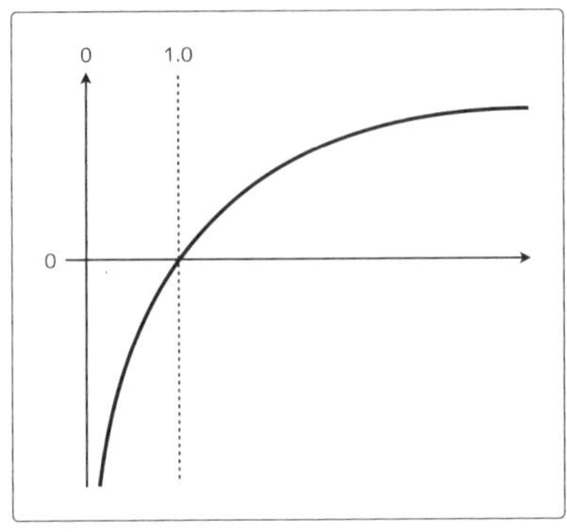

図3-25

そうそう。グラフがずっと右上がりになってるよね。単調増加関数っていうのは$x_1 < x_2$なら$f(x_1) < f(x_2)$となるような関数$f(x)$ってこと。

なるほど。確かに$\log(x)$のグラフはずっと右上がりになってるし、$x_1 < x_2$なら$\log(x_1) < \log(x_2)$になってるね。

うん、だからいま考えている尤度関数についても$L(\boldsymbol{\theta}_1) < L(\boldsymbol{\theta}_2)$なら$\log L(\boldsymbol{\theta}_1) < \log L(\boldsymbol{\theta}_2)$になるの。要するに、$L(\boldsymbol{\theta})$を最大化することと$\log L(\boldsymbol{\theta})$を最大化することは同じことになる。

へー、よく考えられてるね。

じゃあ、対数尤度関数を変形してみるよ。

$$
\begin{aligned}
\log L(\boldsymbol{\theta}) &= \log \prod_{i=1}^{n} P(y^{(i)} = 1|\boldsymbol{x}^{(i)})^{y^{(i)}} P(y^{(i)} = 0|\boldsymbol{x}^{(i)})^{1-y^{(i)}} \\
&= \sum_{i=1}^{n} \left(\log P(y^{(i)} = 1|\boldsymbol{x}^{(i)})^{y^{(i)}} + \log P(y^{(i)} = 0|\boldsymbol{x}^{(i)})^{1-y^{(i)}} \right) \\
&= \sum_{i=1}^{n} \left(y^{(i)} \log P(y^{(i)} = 1|\boldsymbol{x}^{(i)}) + (1 - y^{(i)}) \log P(y^{(i)} = 0|\boldsymbol{x}^{(i)}) \right) \\
&= \sum_{I=1}^{n} \left(y^{(i)} \log P(y^{(i)} = 1|\boldsymbol{x}^{(i)}) + (1 - y^{(i)}) \log(1 - P(y^{(i)} = 1|\boldsymbol{x}^{(i)})) \right) \\
&= \sum_{i=1}^{n} \left(y^{(i)} \log f_{\boldsymbol{\theta}}(\boldsymbol{x}^{(i)}) + (1 - y^{(i)}) \log(1 - f_{\boldsymbol{\theta}}(\boldsymbol{x}^{(i)})) \right)
\end{aligned}
\tag{3.7.2}
$$

う、ちょっと式変形を追うのが大変……。

それぞれこういう性質を使って式変形したからゆっくり考えてみて。

- 2行目は$\log(ab) = \log a + \log b$
- 3行目は$\log a^b = b \log a$
- 4行目は$P(y^{(i)} = 0|\boldsymbol{x}^{(i)}) = 1 - P(y^{(i)} = 1|\boldsymbol{x}^{(i)})$
- 5行目は式3.5.3

最初の2つは対数関数の性質よね。4行目はどうしてそうなるんだっけ……。

いま考えてるのは$y=1$か$y=0$の2つしかないから
$P(y^{(i)}=0|\boldsymbol{x}^{(i)})+P(y^{(i)}=1|\boldsymbol{x}^{(i)})=1$になるはずだよね。

あーそういうことね。確率って全部足し合わせたら1になるんだったね。

Section 7 Step 1 尤度関数の微分

さて、いろいろ説明してきたけどロジスティック回帰はこの対数尤度関数を目的関数として使うことになる。

$$\log L(\boldsymbol{\theta})=\sum_{i=1}^{n}\left(y^{(i)}\log f_{\boldsymbol{\theta}}(\boldsymbol{x}^{(i)})+(1-y^{(i)})\log(1-f_{\boldsymbol{\theta}}(\boldsymbol{x}^{(i)}))\right) \tag{3.7.3}$$

これをそれぞれのパラメータθ_jで微分していけばいいのね。

そういうこと。これを計算していくよ。

$$\frac{\partial\log L(\boldsymbol{\theta})}{\partial\theta_j}=\frac{\partial}{\partial\theta_j}\sum_{i=1}^{n}\left(y^{(i)}\log f_{\boldsymbol{\theta}}(\boldsymbol{x}^{(i)})+(1-y^{(i)})\log(1-f_{\boldsymbol{\theta}}(\boldsymbol{x}^{(i)}))\right) \tag{3.7.4}$$

ちょっと何言ってるかよくわからない式だね……。

回帰の時と同じように、尤度関数をこんな風に置き換えて合成関数の微分を使って1つずつやっていこうね。

$$u=\log L(\boldsymbol{\theta})$$

$$v=f_{\boldsymbol{\theta}}(\boldsymbol{x}) \tag{3.7.5}$$

こういうことね。

$$\frac{\partial u}{\partial \theta_j} = \frac{\partial u}{\partial v} \cdot \frac{\partial v}{\partial \theta_j} \tag{3.7.6}$$

そうそう。まず第1項目から計算してみよう。

$$\frac{\partial u}{\partial v} = \frac{\partial}{\partial v} \sum_{i=1}^{n} \Big(y^{(i)} \log(v) + (1 - y^{(i)}) \log(1 - v) \Big) \tag{3.7.7}$$

uをvで微分するところね。$\log(v)$の微分は$\frac{1}{v}$でいいんだよね。

そうね。ただ$\log(1-v)$の方を微分する場合は、こんなステップで合成関数を微分しないといけなくて、そうすると頭にマイナスがつくから注意してね。

$$s = 1 - v$$

$$t = \log(s)$$

$$\begin{aligned} \frac{dt}{dv} &= \frac{dt}{ds} \cdot \frac{ds}{dv} \\ &= \frac{1}{s} \cdot -1 \\ &= -\frac{1}{1-v} \end{aligned} \tag{3.7.8}$$

なるほどね……。じゃあ、微分結果はこうなるのかな？

$$\frac{\partial u}{\partial v} = \sum_{i=1}^{n} \left(\frac{y^{(i)}}{v} - \frac{1 - y^{(i)}}{1 - v} \right) \tag{3.7.9}$$

うん、あってるよ。

次はvをθ_jで微分ね……あれ、これどうやって微分すればいいんだ？

$$\frac{\partial v}{\partial \theta_j} = \frac{\partial}{\partial \theta_j} \frac{1}{1 + \exp(-\boldsymbol{\theta}^{\mathrm{T}} \boldsymbol{x})} \tag{3.7.10}$$

あぁ、これは……ちょっとややこしいかな。実はシグモイド関数の微分はこんな風になることが知られているから、これを利用すれば微分できそうね。

$$\frac{d\sigma(x)}{dx} = \sigma(x)(1 - \sigma(x)) \tag{3.7.11}$$

なるほど……いまは$f_{\boldsymbol{\theta}}(\boldsymbol{x})$自体がシグモイド関数だから、それをそのまま使えるってことね。

そうね。$z = \boldsymbol{\theta}^{\mathrm{T}} \boldsymbol{x}$と置いて、もう1段階、合成関数の微分を使うといいよ。これを解いてみて。

$$\begin{aligned} z &= \boldsymbol{\theta}^{\mathrm{T}} \boldsymbol{x} \\ v &= f_{\boldsymbol{\theta}}(\boldsymbol{x}) = \frac{1}{1 + \exp(-z)} \\ \frac{\partial v}{\partial \theta_j} &= \frac{\partial v}{\partial z} \cdot \frac{\partial z}{\partial \theta_j} \end{aligned} \tag{3.7.12}$$

わかった。1つずつやってみる。vをzで微分する部分が要するにシグモイド関数の微分ってことだよね。

$$\frac{\partial v}{\partial z} = v(1-v) \tag{3.7.13}$$

zをθ_jで微分するところは簡単。

$$\begin{aligned}\frac{\partial z}{\partial \theta_j} &= \frac{\partial}{\partial \theta_j}\boldsymbol{\theta}^{\mathrm{T}}\boldsymbol{x} \\ &= \frac{\partial}{\partial \theta_j}(\theta_0 x_0 + \theta_1 x_1 + \cdots + \theta_n x_n) \\ &= x_j\end{aligned} \tag{3.7.14}$$

あとは結果を掛け合わせればいいだけだから……こうかな？

$$\begin{aligned}\frac{\partial v}{\partial \theta_j} &= \frac{\partial v}{\partial z} \cdot \frac{\partial z}{\partial \theta_j} \\ &= v(1-v) \cdot x_j\end{aligned} \tag{3.7.15}$$

よし、いいよ。じゃあ、それぞれの結果を代入して、展開、約分して式を綺麗にしてみよう。

わかった……。

$$
\begin{aligned}
\frac{\partial u}{\partial \theta_j} &= \frac{\partial u}{\partial v} \cdot \frac{\partial v}{\partial \theta_j} \\
&= \sum_{i=1}^{n} \left(\frac{y^{(i)}}{v} - \frac{1 - y^{(i)}}{1 - v} \right) \cdot v(1 - v) \cdot x_j^{(i)} \\
&= \sum_{i=1}^{n} \left(y^{(i)}(1 - v) - (1 - y^{(i)})v \right) x_j^{(i)} \\
&= \sum_{i=1}^{n} \left(y^{(i)} - y^{(i)}v - v + y^{(i)}v \right) x_j^{(i)} \\
&= \sum_{i=1}^{n} \left(y^{(i)} - v \right) x_j^{(i)} \\
&= \sum_{i=1}^{n} \left(y^{(i)} - f_{\boldsymbol{\theta}}(\boldsymbol{x}^{(i)}) \right) x_j^{(i)}
\end{aligned}
\tag{3.7.16}
$$

そう！あってるよ。

大変だった……。でも最終的には結構簡単になるんだね。

あとはこの式からパラメータ更新式を導出するだけね。ただ、いまは最大化することが目的だから、最小化の時とはパラメータを逆の方向にずらしていかないといけないよ。

あ、なるほど……。最小化の時は微分した結果の符号と逆方向に動かしてたけど、最大化の時は微分した結果の符号と同じ方向に動かさないといけないってことか。こうでいいのかな？

$$
\theta_j := \theta_j + \eta \sum_{i=1}^{n} \left(y^{(i)} - f_{\boldsymbol{\theta}}(\boldsymbol{x}^{(i)}) \right) x_j^{(i)} \tag{3.7.17}
$$

そうだね。回帰の時と符号を合わせてこんな風に書いてもいいよ。ηの前と、シグマの中の符号が入れ替わってることに注意してね。

$$\theta_j := \theta_j - \eta \sum_{i=1}^{n} \left(f_{\boldsymbol{\theta}}(\boldsymbol{x}^{(i)}) - y^{(i)} \right) x_j^{(i)} \tag{3.7.18}$$

はー、今回は計算が多くて疲れたよ。

Section 8 線形分離不可能

じゃあ、最後にロジスティック回帰を**線形分離不可能**な問題に適用してから終わろうか。

いよいよね。

これが線形分離不可能だっていうことはもういいよね。

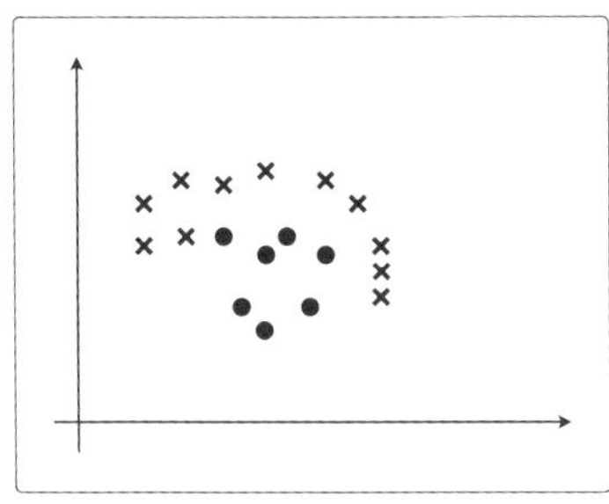

図3-26

うん、直線じゃ分類できないってやつだよね。覚えてる。

そうそう。この例の場合は直線では分類できないけど、曲線だと分類できそうよね？

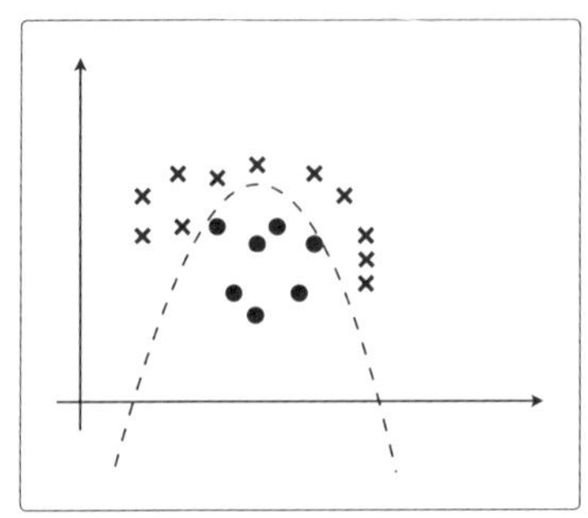

図3-27

できそうだね。もしかして多項式回帰でやった時みたいに、次数を増やせばいいってこと？

お、勘がいいね。じゃあ、学習データにx_1^2を加えたこういうデータで考えてみようか。

$$\boldsymbol{\theta} = \begin{bmatrix} \theta_0 \\ \theta_1 \\ \theta_2 \\ \theta_3 \end{bmatrix}, \quad \boldsymbol{x} = \begin{bmatrix} 1 \\ x_1 \\ x_2 \\ x_1^2 \end{bmatrix} \tag{3.8.1}$$

こういうことね。

$$\boldsymbol{\theta}^{\mathrm{T}}\boldsymbol{x} = \theta_0 + \theta_1 x_1 + \theta_2 x_2 + \theta_3 x_1^2 \tag{3.8.2}$$

じゃあ、$\boldsymbol{\theta}$がこういうベクトルだった時、$\boldsymbol{\theta}^{\mathrm{T}}\boldsymbol{x} \geq 0$のグラフの形ってどうなる？

$$\boldsymbol{\theta} = \begin{bmatrix} \theta_0 \\ \theta_1 \\ \theta_2 \\ \theta_3 \end{bmatrix} = \begin{bmatrix} 0 \\ 0 \\ 1 \\ -1 \end{bmatrix} \tag{3.8.3}$$

$\boldsymbol{\theta}^{\mathrm{T}}\boldsymbol{x} \geq 0$なんだから、とりあえず代入してみて……前と同じように変形してみる。

$$\begin{aligned} \boldsymbol{\theta}^{\mathrm{T}}\boldsymbol{x} &= \theta_0 + \theta_1 x_1 + \theta_2 x_2 + \theta_3 x_1^2 \\ &= 0 + 0 \cdot x_1 + 1 \cdot x_2 + -1 \cdot x_1^2 \\ &= x_2 - x_1^2 \geq 0 \end{aligned} \tag{3.8.4}$$

移項すると、最終的には$x_2 \geq x_1^2$になるよね。これをグラフに書いてみるといいよ。

グラフに書くと……こうかな？

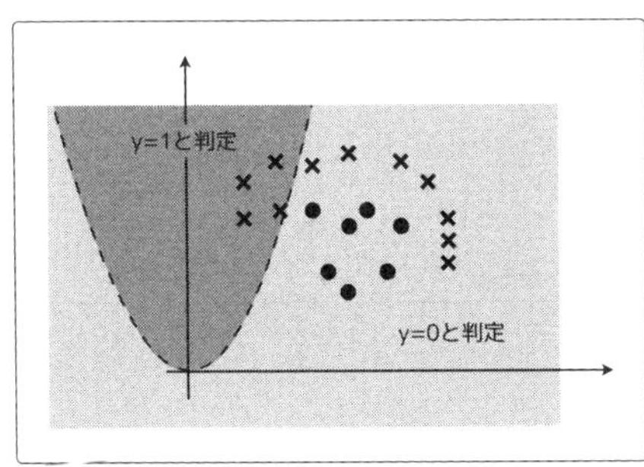

図3-28

うん、そう。前は決定境界が直線だったけど、いまは曲線になってるのがわかるね。パラメータ$\boldsymbol{\theta}$が適当だから、全然データを正しく分類できてないけどね。

でも、線形分離不可能な問題への適用のやり方はわかったよ。そんなに難しくなかったね。

あとは好きなように次数を増やせば複雑な形の決定境界にすることもできるよ。たとえばx_1^2だけじゃなくてx_2^2も増やすと、円状の決定境界ができる。

ロジスティック回帰のパラメータ更新にも確率的勾配降下法って使えるの？

もちろん使えるよ。

よかった。ロジスティック回帰、少し難しかったけどなんとかパラメータ更新式まで求められたね……。疲れたー。

分類アルゴリズムは他に有名なものだとSVM（サポートベクターマシン）というものがあるし、多値分類のやり方もあるから、勉強してみると楽しいよ。

うん、でも今日はもう終わりー。また今度！

Chapter 4

評価してみよう
作ったモデルを評価する

ここまでで、アヤノはだいぶ機械学習の理論について、理解できたようです。
でも、実際にその理論を使う前に、
まだ知っておかないといけないことがあるようです。
この章では、アヤノとミオは、
作ったモデルを「評価」する方法について学びます。
これまでのおさらいも兼ねながら、少し肩の力を抜いて、読んでみてください。

Section 1 モデル評価

これまでだいぶ理論を説明してもらったけど、理解できると楽しいね。

なんでもそうだけど、わかると楽しいよね。

はやく何か実際の問題に適用してみたいなー。

そうだよね。これまで理論の説明をしてきたから、やっぱり実際に実装してみるのが楽しいと思うけど、その前に機械学習を実際に適用するにあたって起こる問題やその対応方法なんかの話をしておいた方がいいかも。

なるほど……。はやく実装してしまいたいけど、そういう知見を得るのも大事か。

そうね。これまでとは少し内容が変わるけど、**モデルを評価**する話はしておいた方がいいかな。

モデルの評価？ どういうこと？

回帰や分類では、予測のための関数$f_{\boldsymbol{\theta}}(\boldsymbol{x})$を定義して、その関数のパラメータである$\boldsymbol{\theta}$を学習データから求めたよね。

目的関数を微分してパラメータ更新式を求めたやつだね。覚えてるよ。

あの時はパラメータ更新式を求めて終わってたけど、本当に欲しいものは予測関数を通した予測値よね。たとえば回帰でやった例だと、広告費をいくらかければどれくらいクリック数がかせげるか、という予測値。

そりゃそうだ。

だから、未知のデータ$\boldsymbol{x}$に対して$f_{\boldsymbol{\theta}}(\boldsymbol{x})$が出力する予測値はできるだけ正確であることが求められる。

当たり前のことだね。

じゃあ、予測関数$f_{\boldsymbol{\theta}}(\boldsymbol{x})$の正確性、要するに**精度**ってどうやってはかればいい？

プロットした図をみて、ちゃんと学習データにフィットしてるかどうか見るんじゃない？

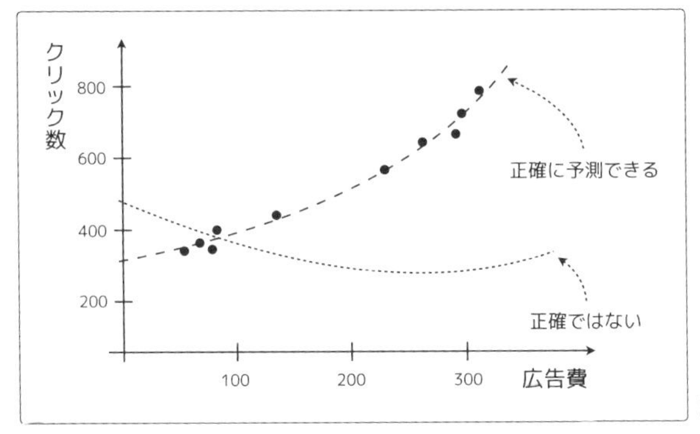

図4-1

前も言ったけど、それは変数が1つしかない単純な問題で、図にプロットできるからだよね。

あ、そうか。重回帰の時みたいに変数が増えると図示できないんだったね……。わざわざ図に書くのも大変だよね。

そう、だから機械学習のモデルに対する精度を定量的に表す必要が出てくる。

なるほど。それがモデルの評価ってわけね。

そういうこと。これからモデルの評価方法について考えてみるよ。

でもさ、よく考えたら学習データから学習してるんだから、学習が終われば正確なパラメータになってるんじゃないの？

そうね。でもそれは学習データに対してしか正確じゃないんだよね。

ん、どういうこと……？

じゃあ、それを理解するためにも、モデルが本当に正確かどうかを評価する方法を一緒に考えていこう。

Section 2 交差検証

Section 2 Step 1 回帰問題の検証

モデルの評価ってどうやるの？

学習データを**テスト用**と**学習用**に分けて、テスト用のデータでモデルを評価するの。

学習データが10個あったとしたら、テスト用に5個、学習用に5個、みたいな感じ？

そうだね。割合としては、普通は半々よりも3:7とか2:8とか学習用の方を多くするけどね。特に決まりはないんだけど。

じゃあ、テスト用に3個、学習用に7個、とかね。

うん、そんな感じ。学習データが10個あるクリック数予測の回帰問題で、テスト用と学習用がそれぞれこんな風に分かれてる場合を考えてみて。

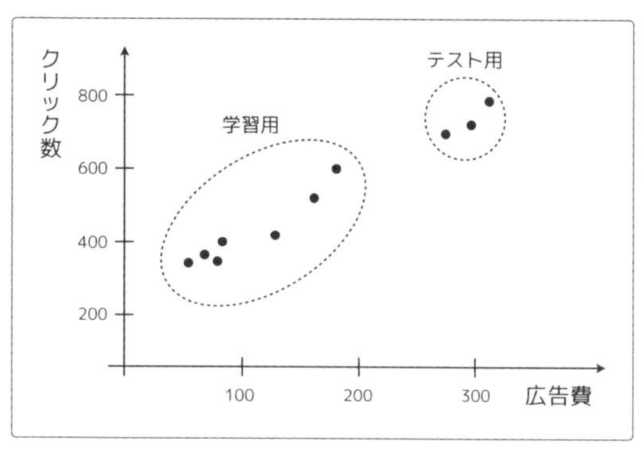

図4-2

右側の3個がテスト用で、左側の7個が学習用ね。

本当はこんなに極端な分け方はしないほうがいいんだけど、まずこの学習用の7個のデータを使ってパラメータを学習すること考えてみて。

式2.3.1で出てきた、$f_{\boldsymbol{\theta}}(x) = \theta_0 + \theta_1 x$っていう、1次関数を考えればいいんだよね。

そうね。まずは1次関数からがいいかな。テスト用データは無視して学習用データ7個だけに注目したとすると、一番よくフィットする1次関数はどうなると思う？

んー、こんな感じかな。

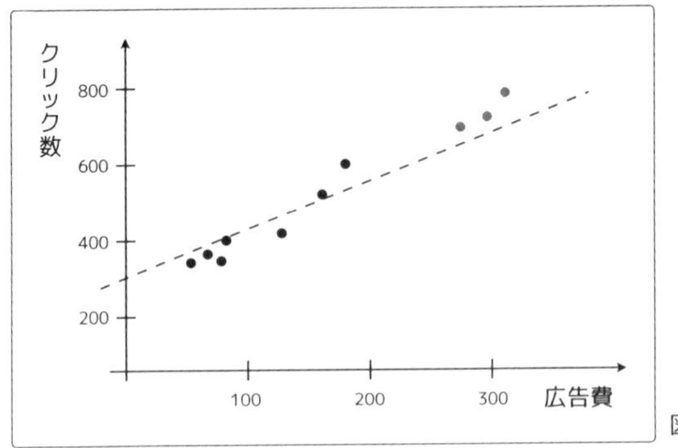

図4-3

うん、良さそう。7個の学習用データからパラメータを学習するとたぶんこんな1次関数になりそうね。

無視したテスト用データはどうするの？

ちょっと、それは後でみよう。次は同じようにテスト用データを無視して、2次関数を考えて欲しいんだけど、今度はどうなる？

今度は2次関数ね。

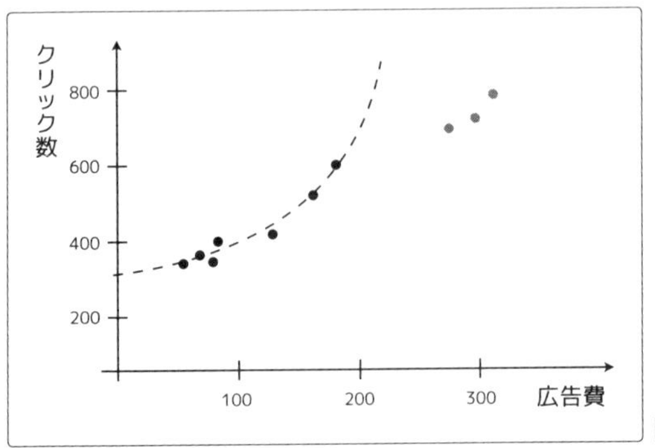

図4-4

いいね。$f_{\boldsymbol{\theta}}(x)$が2次関数だったら、たぶんそんな形になるね。そろそろ“**学習データに対してしか正確じゃない**”という意味がわかってきたんじゃない？

なるほど！ 学習用データだけ見ると、1次関数より2次関数の方がフィットしてるように見えるけど、テスト用データも含めて考えると2次関数の方は全然ダメそうだね。

だよね。こんな風に、学習済みのモデルがどれくらいテスト用データにもフィットしているかということを確認して評価していくんだよ。

そういうことか。要するにテスト用データを、未知のデータとして考えるってことね。

そうだね。いまは1次関数と2次関数のモデルの違いで説明したけど、モデルが同じだったとしても、学習用データが少なすぎても現象は起こるからね。

じゃあ、学習が終わった後にこうやってテスト用データにもフィットしてるかどうかを見ないといけないんだね。

そうなんだけど、現実の問題に適用しようとするとこんな風に図には書けない場合がほとんどだから、ちゃんと定量的に精度を計算する必要はあるね。

あ、そうか……。変数が増えたりするともう図に書けないんだったね。というか、やっぱ図に書くの面倒くさいしね。

回帰の場合は、学習済みのモデルに対してテスト用データで誤差の2乗を計算してその平均を取ってあげればいいよ。テスト用データがn個あるとしたらこんな式で計算できる。

$$\frac{1}{n}\sum_{i=1}^{n}\left(y^{(i)} - f_{\boldsymbol{\theta}}(\boldsymbol{x}^{(i)})\right)^2 \tag{4.2.1}$$

クリック数予測の回帰問題でいうと、$y^{(i)}$がクリック数で$\boldsymbol{x}^{(i)}$が広告費や広告サイズってことだよね。

そうね。これは**平均二乗誤差**とか**MSE（Mean Square Error）**とか呼ばれる値で、この誤差が小さければ小さいほど精度が高い良いモデルだということね。

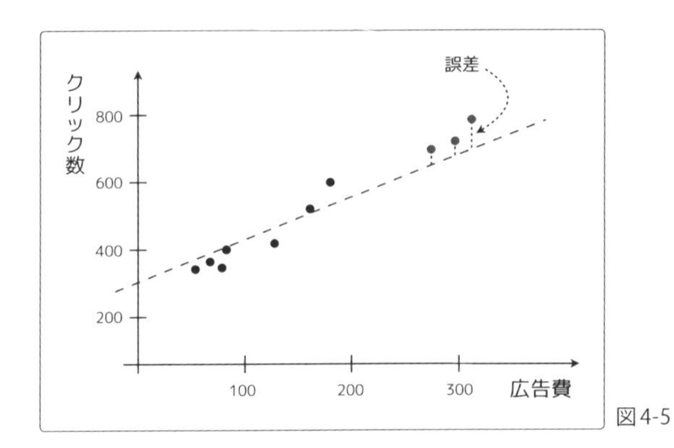

図4-5

そういえば、回帰の目的関数も誤差の関数だったね。あれを小さくするようにパラメータを更新した時と同じことか。

そうね。あと、モデルが学習データにしかフィットしないっていう問題はもちろん分類問題にも当てはまるからね。

あー、そうか。分類の話もあるんだね。

Section 2 Step 2 分類問題の検証

回帰の時と同じようにテスト用と学習用がそれぞれこんな風に分かれてる場合を考えてみるよ。

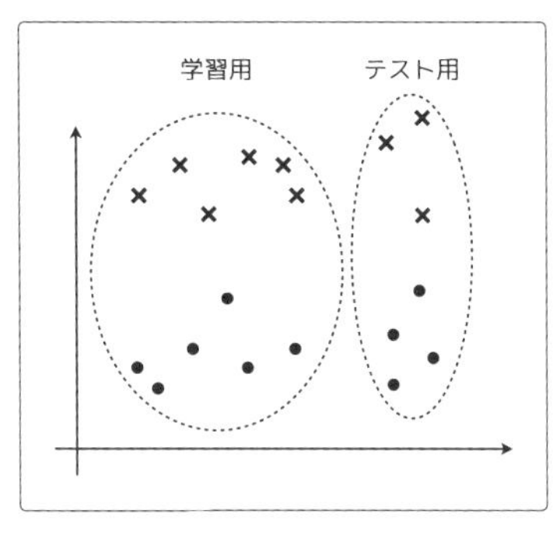

図4-6

またテスト用データを無視して考えるのね。

うん。こんな極端な分け方をしない方がいいのは回帰と同じなんだけど、ロジスティック回帰で$\boldsymbol{\theta}^{\mathrm{T}}\boldsymbol{x}$が単純な1次式だとすると、学習用データだけで学習した場合の決定境界はたぶんこうなるよね。

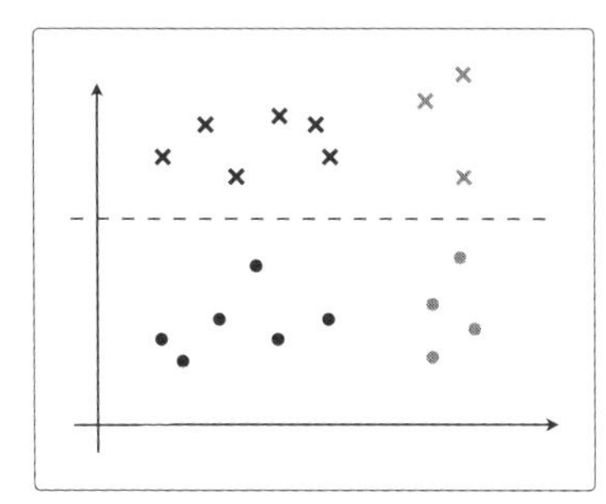

図4-7

ちゃんと分類できてるね。

でも$\boldsymbol{\theta}^{\mathrm{T}}\boldsymbol{x}$をもっと複雑にした場合、たとえばこんな風にピッタリ分類してしまうの。

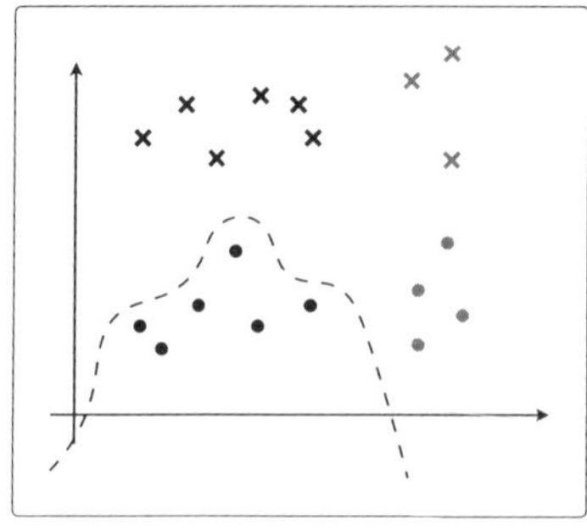

図4-8

学習用データは完璧に分類できてるけど、テスト用データは完全無視だね……。

そう、だから分類でもちゃんとモデルが正確かどうかの確認はする必要がある。

じゃあ、ここでもMSEを使って誤差を計算すればいいのかな。

分類はまた別の指標があるの。回帰は連続値だから誤差を考えることができたけど、分類に関しては分類されたカテゴリが正解か間違っているか、を考えないといけないからね。

なるほど、確かに。回帰は答えがぴったり一致しないから誤差を考えて、分類は正解かどうかを考えればいいのか。

そうそう。ちょっとロジスティック回帰の話を思い出してみて。あの時は、画像が縦長か横長かを分類したよね。

うん。横長になる確率を定義して分類したんだよね。

それで、分類が成功したかどうかっていうのは以下の4種類の状態を考えることができるの。これは大丈夫？

- 横長であると正しく分類された
- 横長であると分類されたが実際は横長ではなかった
- 横長ではないと正しく分類された
- 横長ではないと分類されたが実際は横長であった

うん、わかるけど……なんかわかりにくいなあ。こういう表にできそうだけどね。

表4-1

正解ラベル／分類結果	横長である	横長ではない
横長である	正しく分類された	間違って分類された
横長ではない	間違って分類された	正しく分類された

お、鋭いね！ 横長であることを正、横長ではないことを負、とすると一般的に二値分類の結果はこんな表にすることができるの。

表4-2

正解ラベル／分類結果	正	負
正	True Positive（TP）	False Positive（FP）
負	False Negative（FN）	True Negative（TN）

分類結果が正だったらPositiveで、負だったらNegative。分類がうまくできればTrueで、分類が失敗したらFalse、って感じか。

そうね。そして、分類の精度は上の表の4つの記号を使って計算できるの。精度は英語で$Accuracy$（アキュレイシー）っていうから、式にするとこんな感じね。

$$Accuracy = \frac{\mathrm{TP} + \mathrm{TN}}{\mathrm{TP} + \mathrm{FP} + \mathrm{FN} + \mathrm{TN}} \tag{4.2.2}$$

要するに全体のデータの中で、正しく分類できたデータTPとTNがどれだけあるかという割合ね。

データが全部で100個あって、そのうち80個が正しく分類できてたら、精度はこうなるってこと？

$$Accuracy = \frac{80}{100} = 0.8 \tag{4.2.3}$$

そうそう。この値をテスト用データで計算してみて、高ければ高いほど精度が高い良いモデルということね。

なるほどね。意外に単純でわかりやすかったからよかったよ。

Section 2 Step 3 適合率と再現率

普通はこの $Accuracy$ 値を計算すれば分類結果全体の精度がわかるんだけど、それだけだと問題がある場合もあるからもっと別の指標もあるのよね。

え、そうなの？ 精度を考えるんだったら、この計算方法で良さそうだけどね。

たとえばマルをPositive、バツをNegativeなデータと考えて、こんな風にデータ量がすごく偏ってた場合を考えてみて。

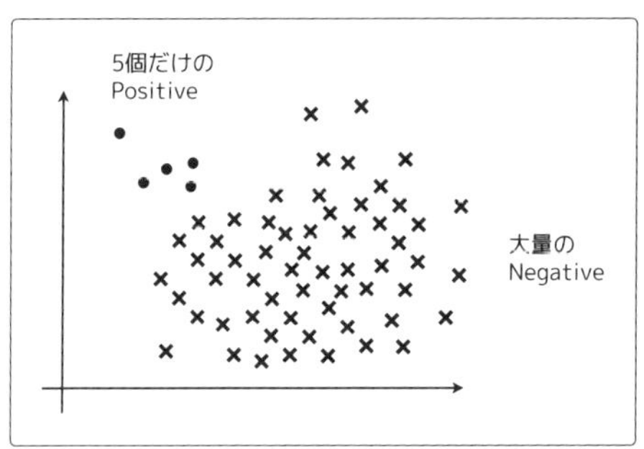

図4-9

Negativeばっかりだね。図を見ればなんとなく決定境界は見えてくるけど。

たとえばデータが100個あって、そのうちの95個がNegativeだったとすると、極端な話、全部をNegativeだと分類するモデルだとしても$Accuracy$値は0.95、つまり95%の精度は出るってことよね。

ああ、確かにね。相対的にPositiveが少ないから、何も考えずに全部Negativeと分類しても高い精度が得られそう。

でも、いくら精度が高いからと言って全部をNegativeと分類するモデルなんて良いモデルとは言えないでしょ？

そうね……。こういうのは全体の精度を見るだけじゃわからなさそうだね。

そう、だから別の指標を導入するの。これ、ちょっとややこしい指標で、具体的に考えた方がわかりやすいと思うから、こういう例で説明していこうかな。

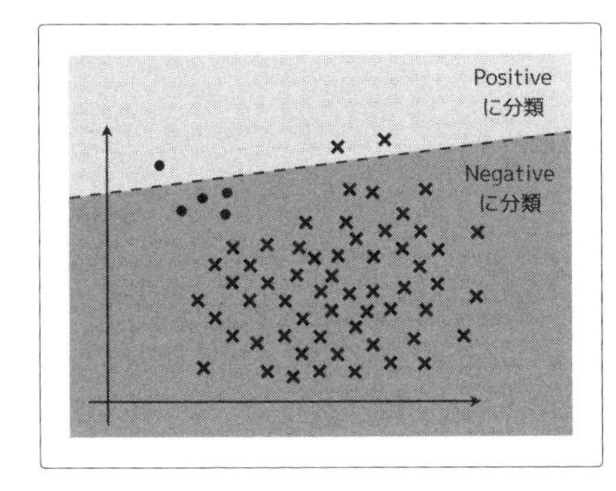

図4-10

表4-3

項目	個数
Positiveデータ	5個
Negativeデータ	95個
True Positive	1個
False Positive	2個
False Negative	4個
True Negative	93個
Accuracy	94%

Positiveがうまく分類できてなさそうな例だね。

そうね。まず1つ目の指標はこれ。**適合率**と呼ばれるものよ。
英語で$Precision$（プレシジョン）と呼ばれることもある。

$$Precision = \frac{\mathrm{TP}}{\mathrm{TP} + \mathrm{FP}} \tag{4.2.4}$$

ん……なにこれ、どういう意味？

TPとFPにだけ注目するの。この式はPositiveと分類されたデータの中で実際にPositiveだったデータの数の割合ってことよ。

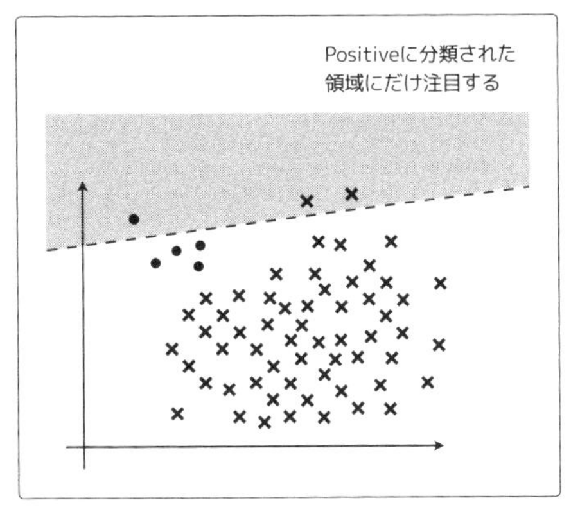

図4-11

実際に代入して計算してみよう。

$$Precision = \frac{1}{1+2} = \frac{1}{3} = 0.333\cdots \tag{4.2.5}$$

この値が高いければ高いほど、間違った分類が少ないということ。いまの例だとPositiveに分類されたデータは3つあるけど、実際にはそのうち1つしか正解じゃないよね。だから適合率を計算してみると低い値になる。

なるほど。0.333は低いね。

そしてもう1つはこれ。**再現率**と呼ばれるものよ。英語で$Recall$（リコール）と呼ばれることもある。

$$Recall = \frac{\mathrm{TP}}{\mathrm{TP}+\mathrm{FN}} \tag{4.2.6}$$

適合率と違うのは分母のFNの部分だけか。

今度はTPとFNにだけ注目したものね。この式はPositiveデータの中で、実際にPositiveだと分類されたデータの数ってことよ。

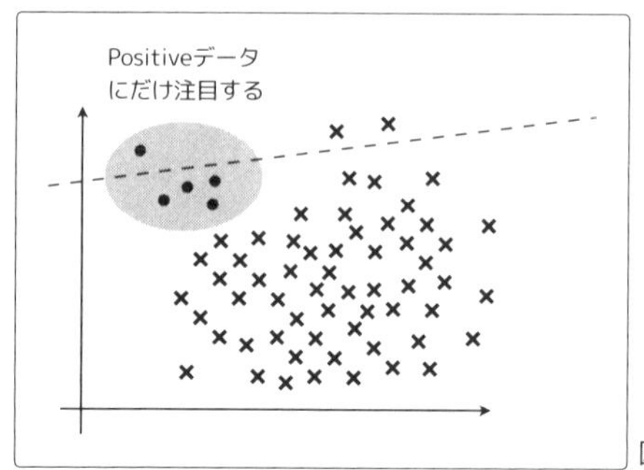

図4-12

これも計算してみよう。

$$Recall = \frac{1}{1+4} = \frac{1}{5} = 0.2 \tag{4.2.7}$$

この値が高ければ高いほど、取りこぼしなく正しく分類しているということ。いまの例だとPositiveデータは全部で5個あるけど、実際にはそのうち1つしかPositiveには分類されていないよね。だから再現率も計算してみると低い値になる。

確かに低い値になってるね……。

この2つの指標を元に精度を考えてあげるといいよ。

適合率も再現率も両方とも高い値になっていれば良いモデルだって判断できるのね。

そうだね。ただ、適合率と再現率は一般的にはどちらかが高くなるとどちらかが低くなるようなトレードオフの関係にあってややこしいのよね。

Section 2 | Step 4

F値

じゃあ、両方とも計算して平均を取ってあげるとか。

単純な平均だとあまり良くないんだよね。たとえばモデルが2つあって、それぞれの適合率と再現率がこういう値だった場合を考えてみて。

表4-4

モデル	適合率	再現率	平均
モデルA	0.6	0.39	0.495
モデルB	0.02	1.0	0.51

モデルBは極端だね……。再現率は1.0だからすべてのPositiveはPositiveと分類できてるけど、適合率がめちゃくちゃ低い。

たとえばどんなデータも全部Positiveに分類すると、再現率は1.0になるよね。ただ、そうするとNegativeもPositiveって分類しちゃうから、適合率の方はとても低くなる。

ああ、よく考えればそうか。

2つのモデルの平均を見るとわかると思うけど、モデルBの方が平均が高くなってるよね。でも、全部Positiveに分類するモデルで適合率が0.02みたいに低い値だったら良いモデルとは言えないよね。

それはそうね……。単純な平均を計算するだけじゃモデルの良し悪しはわからないんだね。

だから、総合的な性能をはかるものとしてF値という指標があるの。次の式4.2.8の$Fmeasure$（エフメジャー）がF値のことで、$Precision$がさっき出てきた適合率、$Recall$が再現率のことね。

$$Fmeasure = \frac{2}{\frac{1}{Precision} + \frac{1}{Recall}} \tag{4.2.8}$$

なにこの式……。分母にまた分数がある。ややこしいな。

適合率か再現率かどちらかが低ければそれに引っ張られてF値も低くなるようになっているの。さっきの2つのモデルのF値を計算してみるとわかるよ。

表4-5

モデル	適合率	再現率	平均	F値
モデルA	0.6	0.39	0.495	0.472・・・
モデルB	0.02	1.0	0.51	0.039・・・

ほんとだ。単純な平均とは違ってモデルAの方がF値が高くなった。

それだけ適合率と再現率のバランスが取れてるってことね。F値は最初の式を変形してこんな風に書かれることも多いけど、どっちの式も同じものだからね。

$$Fmeasure = \frac{2 \cdot Precision \cdot Recall}{Precision + Recall} \tag{4.2.9}$$

こっちの式の方がわかりやすい気はするね。

F値は、正確にはF1値と言われることがあるから注意してね。

どっちとも同じ意味なんだよね。

同じ意味を指していることもあるけど、そうじゃない時もあるんだよね。F1値とは別に重み付きF値という指標もあってね。

$$WeightedFmeasure = \frac{(1+\beta^2)\cdot Precision \cdot Recall}{\beta^2 \cdot Precision + Recall} \tag{4.2.10}$$

またなんかよくわからない式だね……。βが重みってこと？

そうだね。F値は重み付きF値のことで、その重みを1にしたものがさっき紹介したF1値になる、って考えるといいよ。

重み付きF値がより一般化されたものだってことね。

F1値は、数学的には適合率と再現率の**調和平均**という値になるの。調和平均自体についてはそこまで詳しく理解してなくても大丈夫。

ところで、ふと思ったんだけど、これまでTPをメインに適合率と再現率を考えてきたけどTNでも同じように考えられるってこと？

そうだね。TNをメインに見ると、適合率と再現率はこう。

$$Precision = \frac{\mathrm{TN}}{\mathrm{TN}+\mathrm{FN}}$$

$$Recall = \frac{\mathrm{TN}}{\mathrm{TN}+\mathrm{FP}} \tag{4.2.11}$$

どっちで計算してもいいの？

データに偏りがある時は数が少ない方を使うと良いよ。最初の例の場合はPositiveが極端に少なかったからPositiveの方で計算したけど、逆にNegativeが少なかったらNegativeの方で計算するの。

なるほど。数が少ない方ね。

回帰も分類もこんな風にしてモデルを評価していくんだよ。

モデルの評価は大事だってこと、よくわかったよ。

学習データをテスト用と学習用に分割するやり方は**交差検証**もしくはクロスバリデーションっていって、とても大事な手法だから忘れないでね。

うん、わかった。複雑な数式も出てこなかったし、そんなに難しい話じゃなかったね。

交差検証の中でも特に**K分割交差検証**という手法は有名だから覚えておいて損はないよ。

- 学習データをK個に分割する
- K-1個を学習用データ、残りの1個をテスト用データとして使う
- 学習用データとテスト用データを入れ替えながらK回の交差検証を繰り返す
- 最後にK個の精度の平均を計算して、それを最終的な精度とする

たとえば4分割交差検証だったら、こういう風に精度をはかっていくの。

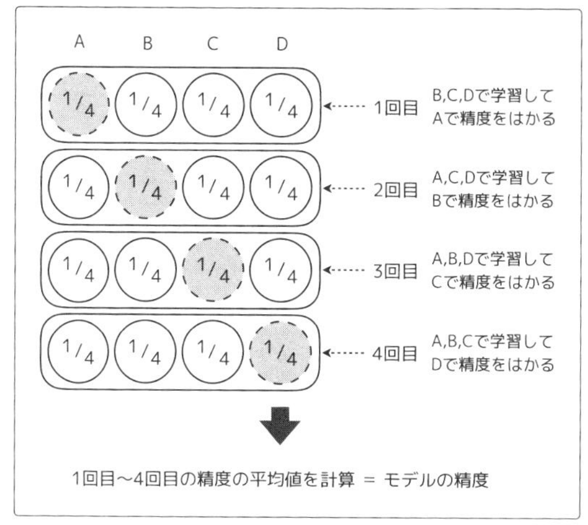

図4-13

これ、学習データが多かったら、何回も学習しないといけないから時間かかりそうだね。

そうね。闇雲にKを増やすと時間がかかるから、適切なKを決めてあげないといけないよ。

Section 3 正則化

Section 3 Step 1 過学習

これまで話してきたような、学習データにしかフィットしないような状態を過学習（Overfitting）っていうの。

そういえば回帰の時に、$f_{\boldsymbol{\theta}}(\boldsymbol{x})$の次数を増やしすぎると過学習になる、って言ってたね。そういう意味だったのか。

よく覚えてたね。過学習は回帰だけじゃなくて分類にも起こることだから、常に注意しておかないといけないよ。

そもそも過学習しないようにできないの？

過学習については、いくつか対応があるの。

- 学習データの数を増やす
- モデルを簡単なものに変更する
- 正則化

まず、大事なのは学習データの数を増やすこと。前にもいったけど、機械学習はデータから学習するものだからデータが一番重要なのよ。それから、モデルをもっと簡単にすることでも過学習は防げる。

Section 3 Step 2 正則化の方法

正則化（せいそくか）……って初めて聞いた。これはなに？

回帰の時の目的関数は覚えてる？

式2.3.2で出てきたこれかな？

$$E(\boldsymbol{\theta}) = \frac{1}{2} \sum_{i=1}^{n} \left(y^{(i)} - f_{\boldsymbol{\theta}}(\boldsymbol{x}^{(i)}) \right)^2 \tag{4.3.1}$$

うん、それ。その目的関数に対して正則化項と呼ばれるこういう項を追加するの。

$$R(\boldsymbol{\theta}) = \frac{\lambda}{2} \sum_{j=1}^{m} \theta_j^2 \tag{4.3.2}$$

こういうこと？

$$\begin{aligned} E(\boldsymbol{\theta}) &= \frac{1}{2} \sum_{i=1}^{n} \left(y^{(i)} - f_{\boldsymbol{\theta}}(\boldsymbol{x}^{(i)}) \right)^2 + R(\boldsymbol{\theta}) \\ &= \frac{1}{2} \sum_{i=1}^{n} \left(y^{(i)} - f_{\boldsymbol{\theta}}(\boldsymbol{x}^{(i)}) \right)^2 + \frac{\lambda}{2} \sum_{j=1}^{m} \theta_j^2 \end{aligned} \tag{4.3.3}$$

そうそう。その新しい目的関数を最小化していくんだよ。これが正則化と呼ばれる手法。

結構単純なんだね。mっていうのは、パラメータの個数なんだよね。

そうね。ただし、一般的にはθ_0に対しては正則化を適用しないの。だからよくみると$j=1$からになってるでしょ。

ほんとだ。ということは、たとえば予測関数が$f_{\boldsymbol{\theta}}(\boldsymbol{x}) = \theta_0 + \theta_1 x + \theta_2 x^2$という形をしていたら$m=2$になって、正則化の対象になるパラメータは$\theta_1$と$\theta_2$ってこと？

そういうこと。θ_0のようなパラメータだけの項は**バイアス項**と言って、普通は正則化はしないの。

λってなに？

λ（ラムダ）は正則化項の影響を決める正の定数だよ。これは、どういう値にするのかを自分で決めないといけないの。

へえ……これで過学習が防げるんだ。いまいちイメージがわかないんだけど……。

Section 3 Step 3 正則化の効果

式だけ眺めていてもピンとこないかもしれないね。ちょっと図を書いて想像してみよっか。

目的関数のグラフってこと？

そうだね。まず、目的関数をこんな風に2つのパートに分けましょう。

$$C(\boldsymbol{\theta}) = \frac{1}{2}\sum_{i=1}^{n}\left(y^{(i)} - f_{\boldsymbol{\theta}}(\boldsymbol{x}^{(i)})\right)^2$$

$$R(\boldsymbol{\theta}) = \frac{\lambda}{2}\sum_{j=1}^{m}\theta_j^2 \tag{4.3.4}$$

$C(\boldsymbol{\theta})$がもともとあった目的関数の項で、$R(\boldsymbol{\theta})$が正則化項ってことね。

この$C(\boldsymbol{\theta})$と$R(\boldsymbol{\theta})$を足したものが新しい目的関数になるんだから、実際にこの2つの関数をグラフにプロットして足してみるの。ただ、パラメータの数が多いとグラフが書けないから、ここではθ_1だけに注目して考えるのと、わかりやすさを優先するためにまずはλ抜きで考えましょう。

なるほど。じゃあ、まず$C(\boldsymbol{\theta})$のグラフから書いてみようかな……って、あれ、そもそも$C(\boldsymbol{\theta})$ってどんな形してるんだっけ？

正確な形は気にしなくていいよ。回帰の話の時に、この目的関数は下に凸の形をしているって話をしたのは覚えてる？ だから、たとえばこんな形になる。

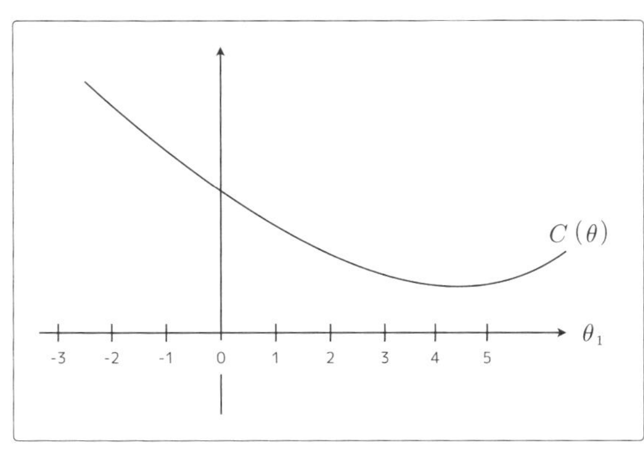

図4-14

ああ、そういえば下に凸だって話をしてたね。

これは図をみれば最小値がどこかはすぐわかるよね。

$\theta_1 = 4.5$あたりが最小値かな。

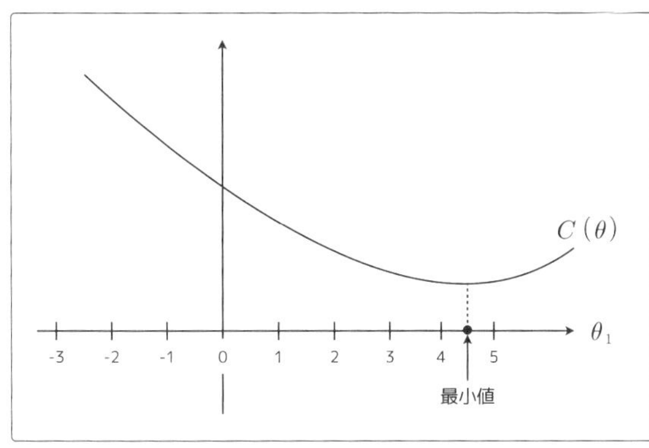

図4-15

そうね。正則化項のない目的関数だけの形だと$\theta_1 = 4.5$あたりで最小値となる。じゃあ次は$R(\boldsymbol{\theta})$だけど、これは$\frac{1}{2}\theta_1^2$の形だから、原点を通る単純な2次関数になるよね。これはアヤノにも書けるかな。

そうか。単純なやつだね。これでいいかな。

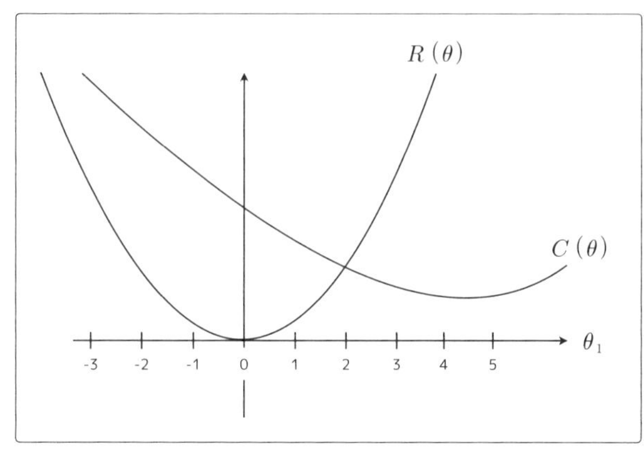

図4-16

いいね。実際の目的関数はこの2つを足した$E(\boldsymbol{\theta}) = C(\boldsymbol{\theta}) + R(\boldsymbol{\theta})$だから、あとはそれを図に書いてみて。あ、その時に最小値がどこになるのかも一緒に考えてみてね。

関数を足したグラフを描くんだから……θ_1の各点で$C(\boldsymbol{\theta})$の高さと$R(\boldsymbol{\theta})$の高さを足して、それを線で結んでいけばいいよね？こうかな？最小値は$\theta_1 = 0.9$とか？

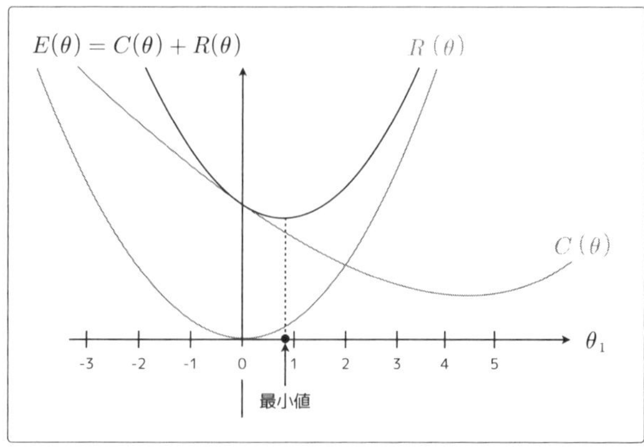

図4-17

正則化項を足す前とくらべて、θ_1が0に近づいてるのわかる？

ん、ほんとだ。$\theta_1 = 4.5$で最小だったのが$\theta_1 = 0.9$で最小になるようになってるから、確かに0に近づいてるね。

これが正則化の効果よ。つまりパラメータが大きくなりすぎるのを防いで、小さい値に近づけてくれるの。いまはθ_1についてだけ考えたけど、各θ_jでこういう動きをするんだよ。

それで過学習が防げるってこと？

パラメータの値が小さければ、それだけその変数の影響を小さくできるってことなのよ。たとえば、こういう予測関数$f_{\boldsymbol{\theta}}(\boldsymbol{x})$を考えてみて。

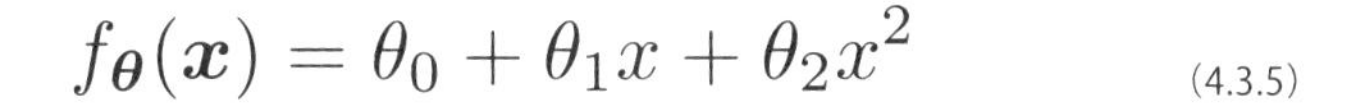

$$f_{\boldsymbol{\theta}}(\boldsymbol{x}) = \theta_0 + \theta_1 x + \theta_2 x^2 \tag{4.3.5}$$

単純な2次式だね。

ちょっと極端だけど、たとえば$\theta_2 = 0$になった場合、2次式じゃなくて1次式になるよね。

x^2の項が消えちゃうってことか。

そう。要するに、元々は曲線だった予測関数が直線になるということね。

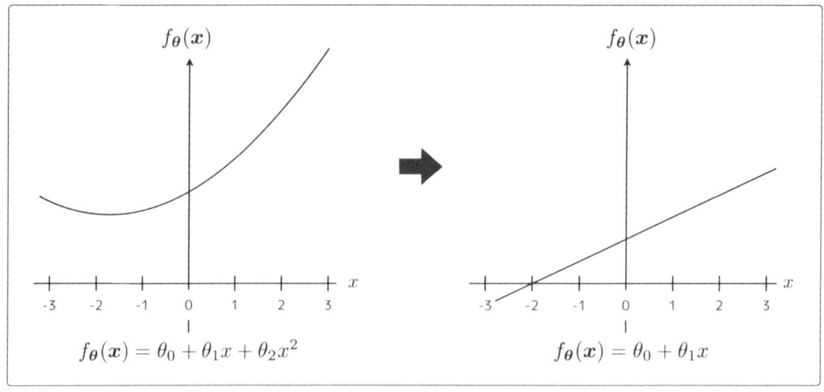

図4-18

不要なパラメータの影響を小さくすることで、複雑なモデルを単純なモデルに変えて、過学習を防ぐってことね。

よくできてるね……。

ただ、これはあくまで例題だからね。必ずしも一番次数が高い項のパラメータの値が小さくなるわけじゃないけど、イメージはできたでしょ。

うん、パラメータの影響が大きくなりすぎないようにペナルティを課しながら学習していくんだね。

そう、そんな感じ。要するにペナルティだね。

ということは、最初に言ってたλって、どれくらい正則化のペナルティを強くするかどうかってこと？

そうそう。たとえば$\lambda = 0$にしてしまえば、正則化を適用しないことと同じ。

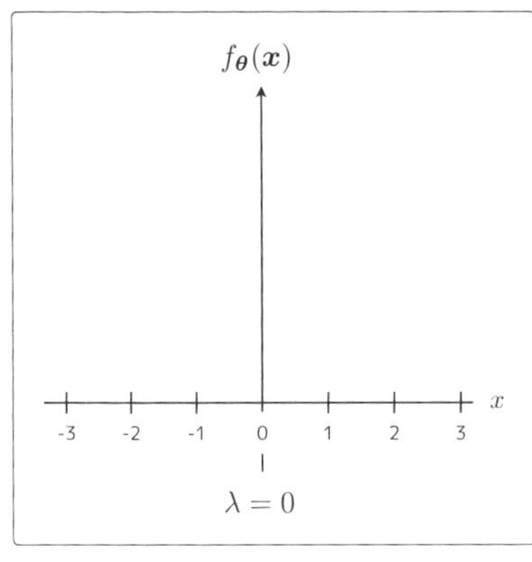

図4-19

逆にλを大きくすればするほど正則化のペナルティが強くなっていく。

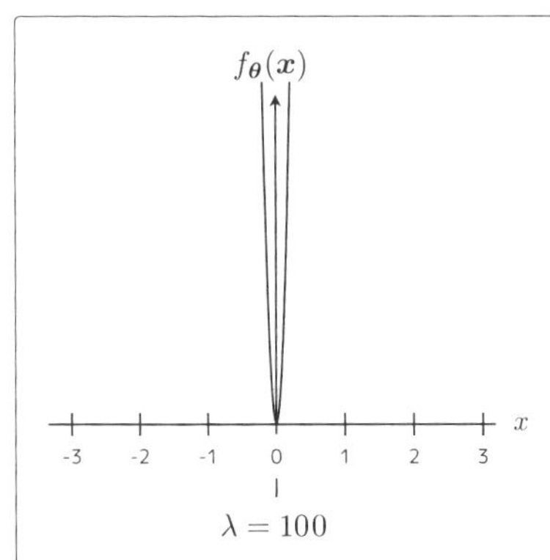

図4-20

Section 3 Step 4 分類の正則化

いまは回帰の話をしているけど、分類にも同じように正則化を適用できるの？

もちろん。ロジスティック回帰の目的関数はおぼえてる？

対数尤度関数……だっけ？

$$\log L(\boldsymbol{\theta}) = \sum_{i=1}^{n} \left(y^{(i)} \log f_{\boldsymbol{\theta}}(\boldsymbol{x}^{(i)}) + (1 - y^{(i)}) \log(1 - f_{\boldsymbol{\theta}}(\boldsymbol{x}^{(i)})) \right) \tag{4.3.6}$$

そう、それね。回帰と同じようにその目的関数に正則化項を足してあげるだけでいいよ。理屈は同じことね。

$$\log L(\boldsymbol{\theta}) = -\sum_{i=1}^{n} \left(y^{(i)} \log f_{\boldsymbol{\theta}}(\boldsymbol{x}^{(i)}) + (1 - y^{(i)}) \log(1 - f_{\boldsymbol{\theta}}(\boldsymbol{x}^{(i)})) \right) + \frac{\lambda}{2} \sum_{j=1}^{m} \theta_j^2 \tag{4.3.7}$$

あれ、元の目的関数にマイナスがついてるけど？

対数尤度関数って、元々は最大化することが目的だったでしょ。だけど、今は回帰の目的関数と合わせて最小化問題として考えたい。そうすれば回帰と同じように扱うことができるよね。だから正則化項を足すだけで大丈夫なんだよ。

あ、なるほど。符号を反転させて最大化を最小化にすり替えてるってことね。

もちろん符号を反転させたら、パラメータ更新の時は回帰と同じように微分した関数の符号と逆方向に動かすようにしないといけないからね。

うん、大丈夫。あ、でも、目的関数の形が変わったから、パラメータ更新式も変わるよね？

そうね。といっても、追加で正則化項の部分を微分してあげればいいだけだから、全然難しくないんだけどね。一緒に回帰からやってみよっか。

お願いします！

Section 3 | Step 5

正則化した式の微分

さっき、回帰の目的関数を$C(\boldsymbol{\theta})$と$R(\boldsymbol{\theta})$に分けたよね。これが新しい目的関数の形だから、これを微分していくよ。

$$E(\boldsymbol{\theta}) = C(\boldsymbol{\theta}) + R(\boldsymbol{\theta}) \tag{4.3.8}$$

えっと……足し算だからそれぞれを偏微分すればいいんだよね。

$$\frac{\partial E(\boldsymbol{\theta})}{\partial \theta_j} = \frac{\partial C(\boldsymbol{\theta})}{\partial \theta_j} + \frac{\partial R(\boldsymbol{\theta})}{\partial \theta_j} \tag{4.3.9}$$

そうね。$C(\boldsymbol{\theta})$は元の目的関数なんだから、回帰の話の時に既に微分した形を求めたよね。式2.3.17、覚えてる？

$$\frac{\partial C(\boldsymbol{\theta})}{\partial \theta_j} = \sum_{i=1}^{n} \left(f_{\boldsymbol{\theta}}(\boldsymbol{x}^{(i)}) - y^{(i)} \right) x_j^{(i)} \tag{4.3.10}$$

そうか、これがそのまま使えるね。だから、あとは正則化項の部分だけ微分してあげればいいってことね。

そういうこと。正則化項は単純にパラメータを2乗して足されてるだけだから、微分も簡単よ。

$$R(\boldsymbol{\theta}) = \frac{\lambda}{2}\sum_{j=1}^{m}\theta_j^2$$

$$= \frac{\lambda}{2}\theta_1^2 + \frac{\lambda}{2}\theta_2^2 + \cdots + \frac{\lambda}{2}\theta_m^2 \tag{4.3.11}$$

確かに……。これでいいかな？

$$\frac{\partial R(\boldsymbol{\theta})}{\partial \theta_j} = \lambda\theta_j \tag{4.3.12}$$

うん、あってるよ。ここでも微分した時に$\frac{1}{2}$が相殺されて、微分した後の式が簡単になってるのがわかるよね。

なるほどね～。ということは、最終的には微分結果はこうね。

$$\frac{\partial E(\boldsymbol{\theta})}{\partial \theta_j} = \sum_{i=1}^{n}\left(f_{\boldsymbol{\theta}}(\boldsymbol{x}^{(i)}) - y^{(i)}\right)x_j^{(i)} + \lambda\theta_j \tag{4.3.13}$$

いいね。あとは、その微分結果をパラメータ更新式にあてはめるだけね。

こうかな。

$$\theta_j := \theta_j - \eta\left(\sum_{i=1}^{n}\left(f_{\boldsymbol{\theta}}(\boldsymbol{x}^{(i)}) - y^{(i)}\right)x_j^{(i)} + \lambda\theta_j\right) \tag{4.3.14}$$

そう、それが正則化項の入ったパラメータ更新式よ。ただし、θ_0に関しては正則化は適用しないと言ったように、$R(\boldsymbol{\theta})$をθ_0で微分すると0になるから、式4.3.14の$\lambda\theta_j$が消えて、正確にはこんな風に場合分けしないといけないから気をつけてね。

$$\theta_0 := \theta_0 - \eta \left(\sum_{i=1}^{n} \left(f_{\boldsymbol{\theta}}(\boldsymbol{x}^{(i)}) - y^{(i)} \right) x_j^{(i)} \right)$$

$$\theta_j := \theta_j - \eta \left(\sum_{i=1}^{n} \left(f_{\boldsymbol{\theta}}(\boldsymbol{x}^{(i)}) - y^{(i)} \right) x_j^{(i)} + \lambda\theta_j \right) (j > 0) \tag{4.3.15}$$

ああ、なるほど。これまでの知識がそろってるから、なんとか大丈夫だったよ。

ロジスティック回帰も同じような流れだよ。元の目的関数を$C(\boldsymbol{\theta})$、正則化項を$R(\boldsymbol{\theta})$として、$E(\boldsymbol{\theta})$を微分していくの。

$$C(\boldsymbol{\theta}) = -\sum_{i=1}^{n} \left(y^{(i)} \log f_{\boldsymbol{\theta}}(\boldsymbol{x}^{(i)}) + (1 - y^{(i)}) \log(1 - f_{\boldsymbol{\theta}}(\boldsymbol{x}^{(i)})) \right)$$

$$R(\boldsymbol{\theta}) = \frac{\lambda}{2} \sum_{j=1}^{m} \theta_j^2$$

$$E(\boldsymbol{\theta}) = C(\boldsymbol{\theta}) + R(\boldsymbol{\theta}) \tag{4.3.16}$$

それぞれの項を微分すればいいのは回帰と同じってことね。

$$\frac{\partial E(\boldsymbol{\theta})}{\partial \theta_j} = \frac{\partial C(\boldsymbol{\theta})}{\partial \theta_j} + \frac{\partial R(\boldsymbol{\theta})}{\partial \theta_j} \tag{4.3.17}$$

そうね。ロジスティック回帰の元の目的関数$C(\boldsymbol{\theta})$の微分は前に式3.7.16で求めたけど、いまは最小化問題として考えるために先頭にマイナスが付いてるからそこだけ気をつけてね。符号が反転するよ。

$$\frac{\partial C(\boldsymbol{\theta})}{\partial \theta_j} = \sum_{i=1}^{n} \left(f_{\boldsymbol{\theta}}(\boldsymbol{x}^{(i)}) - y^{(i)} \right) x_j^{(i)} \tag{4.3.18}$$

うん、大丈夫。

それから、正則化項$R(\boldsymbol{\theta})$の微分もさっき求めたからそれを使えるよね。

$$\frac{\partial R(\boldsymbol{\theta})}{\partial \theta_j} = \lambda \theta_j \tag{4.3.19}$$

ああ、そうか。何も新しい計算しなくてもいいね。ということはパラメータ更新式はこうでいいのかな。今回はちゃんとθ_0を場合分けしてみたよ。

$$\begin{aligned}
\theta_0 &:= \theta_0 - \eta \left(\sum_{i=1}^{n} \left(f_{\boldsymbol{\theta}}(\boldsymbol{x}^{(i)}) - y^{(i)} \right) x_j^{(i)} \right) \\
\theta_j &:= \theta_j - \eta \left(\sum_{i=1}^{n} \left(f_{\boldsymbol{\theta}}(\boldsymbol{x}^{(i)}) - y^{(i)} \right) x_j^{(i)} + \lambda \theta_j \right) \ (j > 0)
\end{aligned} \tag{4.3.20}$$

そういうこと。いま紹介したものは正確には**L2正則化**という名前がついているよ。

L2……？

他に**L1正則化**と呼ばれるものもあって、これは正則化項Rにこういうものを使うの。

$$R(\boldsymbol{\theta}) = \lambda \sum_{i=1}^{m} |\theta_i|$$ (4.3.21)

正則化の方法は1つじゃないってこと？ どっちを使えばいいの……？

L1正則化の特徴としては、不要と判断されるパラメータが0になって変数の数を削減できること。さっき2次式が1次式になるって話をしたよね。L2正則化だとパラメータが0になることってそう無いんだけど、L1正則化だとあれが本当に起こるようになるの。

L2正則化は変数の影響が大きくなりすぎないように抑えて、L1正則化はそもそも不要な変数を消しちゃうってことなのかな。

うん。どっちを使えばいいかは問題によるから、一概には言えないんだけどね。こういう手法があるんだ、ってことを覚えておくときっと役に立つよ。

Section 4 学習曲線

Section 4 Step 1 未学習

これまで過学習について話してきたけど、逆に**未学習**（みがくしゅう）（Underfitting）と呼ばれる状態もあって、その場合もモデルの性能が悪くなるんだよね。

学習し過ぎと学習しなさ過ぎってことか……ちょうど良いのが大切なんだね。

うん。でもそれが意外と難しいんだけどね。

過学習の逆なんだったら、未学習っていうのは要するに学習データにフィットしていない状態ってこと？

そうそう。たとえば、こんな風に複雑な境界線を持つようなデータを直線で分類しようとすると、どうやっても綺麗に分類できずに結果的に精度が悪くなる。

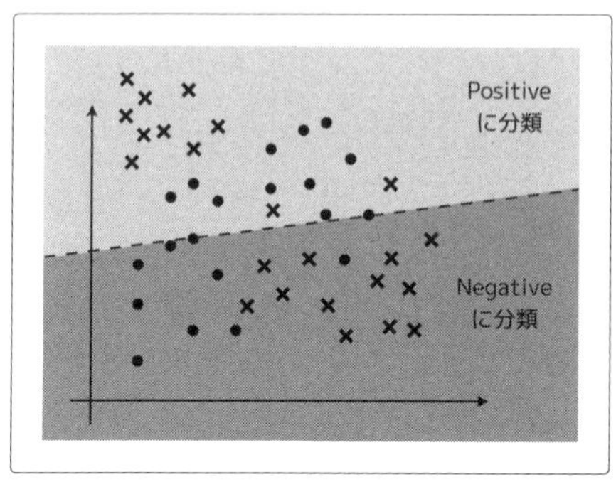

図4-21

あー、これは全然ダメだね。

こうなってしまう主な原因は、解きたい問題に対してモデルが単純すぎることね。

原因も過学習とは逆なんだね。

そうだね。基本的には過学習と未学習は逆の関係で、原因も違うし、対策も違う。

Section 4 | Step 2 | 過学習と未学習の判別

へえ、でもモデルを評価してみて精度を見ただけで、過学習なのか未学習なのかわかるのかな。

良い質問ね。ちょうどその話をしようと思ってた。

お、核心を突いた？

アヤノの想像通り、実は精度だけだとどっちが原因かわからないの。

あ、やっぱり。どうやって過学習なのか未学習なのか判断すればいいんだろう。

横軸をデータの個数、縦軸を精度として、学習用データとテスト用データの精度をプロットしてみるといいよ。

えーっと、どういうこと……？

具体的に、この10個の学習データを使って回帰することを考えてみよっか。

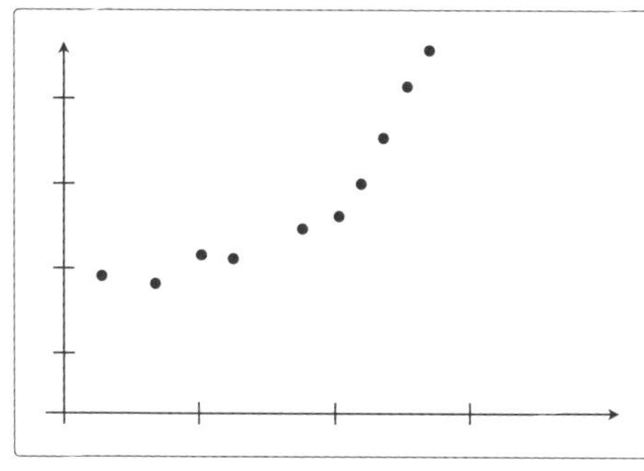

図4-22

2次関数が当てはまりそうなデータだね。

そうね。でも、ここでは$f_{\boldsymbol{\theta}}(\boldsymbol{x})$を1次関数だとして話を進めましょう。この中から適当に学習用データを2個だけ選んで、それで学習を進めるとするよ。

たった2個？

うん。適当に学習用データを2個選んでみて。その2個だけで学習したとすると$f_{\boldsymbol{\theta}}(\boldsymbol{x})$ってどんな形になる？

うーん、適当に選んでいいの？ こう？

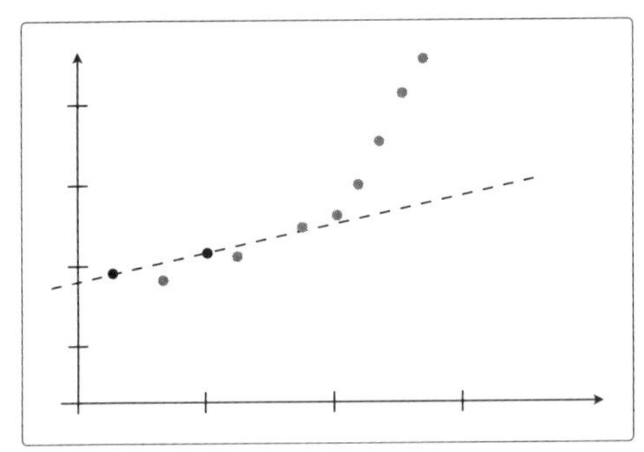

図4-23

そうね。その状態だと、どちらの点にもぴったりフィットしていて誤差は0ね。

2個しかないからね。1次関数だったら、どっちの点も通るように学習するよね。

じゃあ、今度は学習用データ10個で学習したら？

1次関数だよね。なるべくフィットさせるには……こうかな？

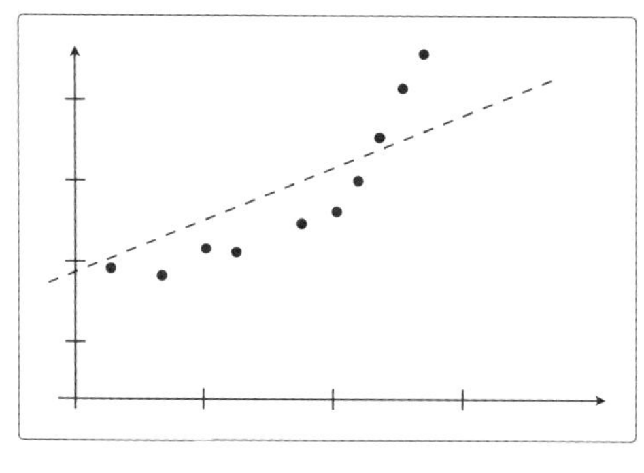

図4-24

そんな感じだね。これだと、さすがにもう誤差0ってわけにはいかないよね。

$f_{\boldsymbol{\theta}}(\boldsymbol{x})$が1次関数だからね。これが限界よね。

そうね。ここで私が言いたかったのは、モデルが簡単すぎる場合はデータ量が増えるにつれて誤差も少しずつ大きくなっていくってことなの。言い換えると精度が少しずつ下がっていくってことね。

ああ、言われてみれば確かにそうだね。

こういう状態を、最初に言ったように横軸をデータの個数、縦軸を精度とするグラフに書いてみると、だいたいこんな形になるはず。

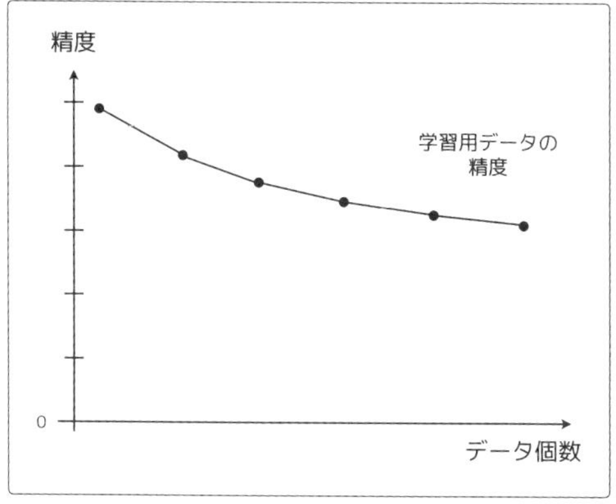

図4-25

なるほど。最初は精度が高いけど、データ量が増えるにつれて精度が少しずつ下がってるね。

今度はテスト用データで評価してみるよ。さっきの学習用データ10個とは別にテスト用データがあるとして、それぞれのモデルでテスト用データの評価をして、同じように精度を求めてプロットしてみるの。

2個のデータで学習したモデルでテスト用データを評価、10個のデータで学習したモデルでテスト用データを評価……を次々やるって感じ？

そうそう。学習用データが少ない時のモデルでは、未知のデータを予測することは難しいから精度が低くなるの。逆に学習用データが多くなればなるほど、少しずつだけど予測の精度が上がっていく。グラフにすると、こんな形になるはずよ。

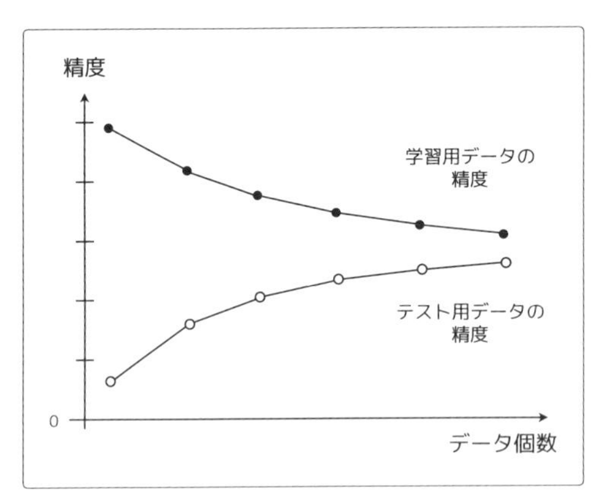

図4-26

なるほど……。

学習用データとテスト用データの精度をプロットしてみて、こういう形になったら未学習状態ってことなの。**ハイバイアス**と言うこともあるけど、同じことよ。

データの個数を増やしたとしても、学習用データでもテスト用データでも精度が悪い状態ってことか。

言葉にするとそういうことね。グラフの注目するべきポイントはここ。

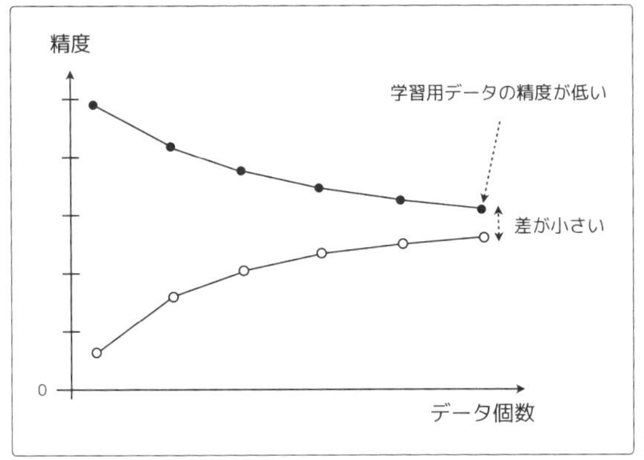

図4-27

逆に過学習になっている場合は、こういうグラフになるの。**ハイバリアンス**とも言われるよ。

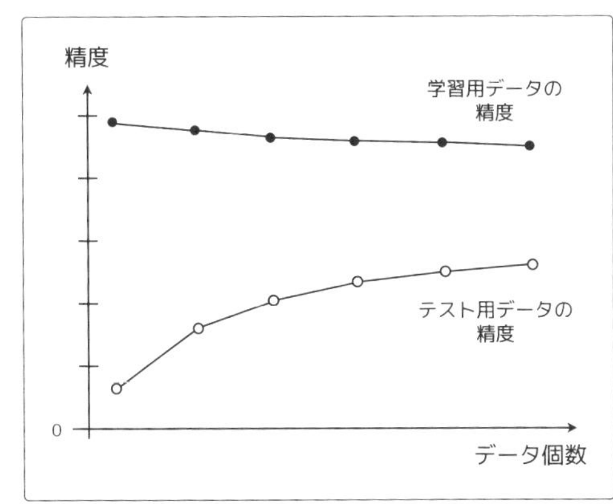

図4-28

学習用データに対してはデータを増やしてもずっと精度が高いままで、テスト用データに対しては精度が上がりきれてないね。

学習用データにだけフィットしてしまうという、過学習の特徴ね。このグラフの注目するべきポイントはここよ。

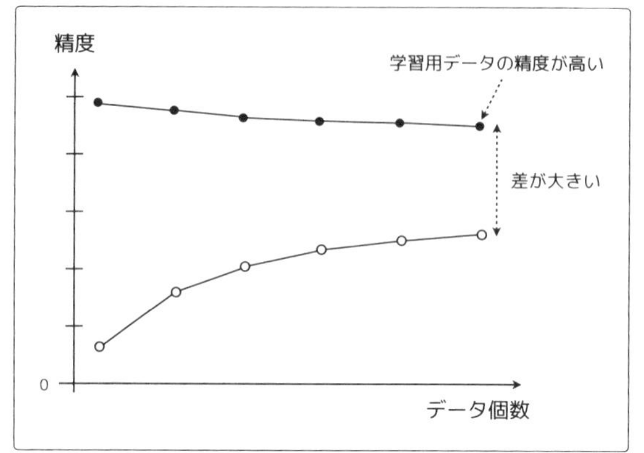

図4-29

なるほどね。どっちのグラフも未学習と過学習の特徴が現れてる。

こんな風に、データの個数と精度をプロットしたグラフは**学習曲線**って言うの。

学習曲線か。じゃあ、モデルの精度が悪いのはわかってるけど、過学習なのか未学習なのかわからない時は、学習曲線を描いてみたらいいんだね。

そういうこと。学習曲線によって過学習か未学習か判断できれば、それ相応の対策を入れてモデルを改善することができるからね。

一口にモデルの評価と言っても、いろんな話があるんだね。機械学習のアルゴリズムを覚えるだけじゃダメなのがよくわかったよ。

モデルを評価する指標や手法に関しては、今日教えたもの以外にもあるから興味があれば調べてみると良いよ。

うん、今日はありがとう！

Chapter 5

実装してみよう
Pythonでプログラミングする

さて、この章ではいよいよ、
アヤノが回帰や分類のプログラミングにチャレンジするようです。
ここまで学んだことを、うまくプログラミングすることができるでしょうか。
Appendix8ではプログラミングのための環境構築の方法も載せていますので、
みなさんも、アヤノと一緒にプログラミングをやってみてはいかがでしょうか。

Section 1 Pythonで実装してみよう

これまでミオからは回帰と分類と評価について教えてもらったけど、まだ他に勉強した方がいいことってある？

うーん、そうねぇ。実際は他にも機械学習アルゴリズムはたくさんあるし、最新の研究なんかは面白い話がたくさんあって調べればいろんな用途向けのものが出てくると思うけど、基礎はもう十分なんじゃないかな。

基礎はもう十分、か……。私としてはまだまだ不安なんだけどね。

たぶんいまのアヤノなら私がいなくても大丈夫だと思うよ。これまで回帰と分類で、やり方は違うけど学習データを使ってパラメータを更新する様子を見てきたからね。この基本的な考え方は他の機械学習アルゴリズムでも同じで、データからパラメータが更新されていくことがイメージできるなら理解しやすいはずよ。

うん、それはわかるけど……。でも、やっぱり自分一人で理解できるかどうか不安だなあ。

実際に何かしらのプログラミング言語で回帰と分類を**実装**してみるともっと理解度が上がると思うから、まずは実装してみるのはどう？

そうか……そうだよね、一度自分で作ってみたほうがいいよね。

一緒に実装してみようよ。どの言語が得意？

得意ってわけじゃないんだけど、Pythonで実装してみようかな。

アヤノ、確かPythonは経験ないんだよね。チャレンジャーだなあ。

機械学習でよく使われてるって知ってから興味はあったんだよね。基礎的な文法の勉強くらいはやったから大丈夫。

さすが現役プログラマ。心強いね。

Section 2 回帰

Section 2 Step 1 学習データの確認

じゃあ、まずは**回帰**からね。適当に学習データを準備してみたから、これを使って実装していこう。

■ click.csv

```
x,y
235,591
216,539
148,413
35,310
85,308
204,519
49,325
25,332
173,498
191,498
134,392
99,334
117,385
112,387
162,425
272,659
```

```
159,400
159,427
59,319
198,522
```

これがいわゆる**学習データ**ってやつね。数字だけ並んでても全然イメージわかないね。

そうね。いったんMatplotlibを使ってプロットしてみるとわかりやすいよ。

あ、そうだね。

POINT

Matplotlibはグラフ描画ライブラリです。本書ではデータの可視化のために利用していますが、必須ではありませんのでグラフ描画の部分は適宜スキップすることができます。Matplotlibの詳細は公式サイト https://matplotlib.org/ を確認してください。

POINT

以下ではPythonのソースコードを実行しています。Pythonを使うための準備や実行する方法についてはAppendix8〜10を参照してください。以下の「サンプルコード」では、「>>>」よりも右側にあるコードを、1行ずつ入力して［Enter］を押して実行してください。「…」が出てきた場合は、インデントを入れてからコードを入力して［Enter］を押します。

■pythonインタラクティブシェルで実行（サンプルコード：5-2-1）

```
>>> import numpy as np
>>> import matplotlib.pyplot as plt
>>>
>>> # 学習データを読み込む
>>> train = np.loadtxt('click.csv', delimiter=',', skiprows=1)
>>> train_x = train[:,0]
>>> train_y = train[:,1]
>>>
>>> # プロット
```

```
>>> plt.plot(train_x, train_y, 'o')
>>> plt.show()
```

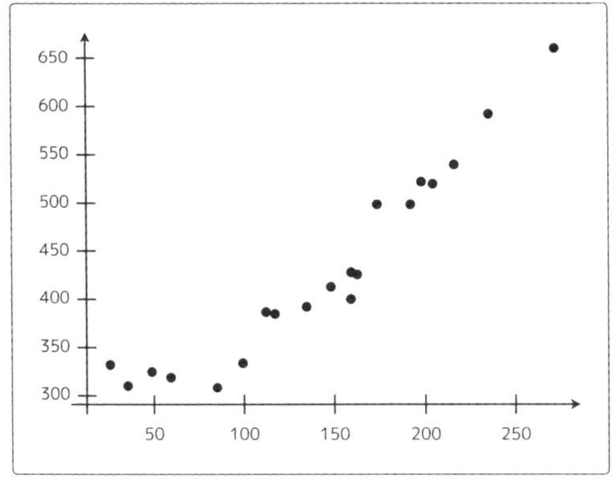

図5-1

なるほど。回帰の時にミオが例として使ったデータによく似たやつだね。

うん、それに似せてデータを作ってみたからね。

Section 2 Step 2 1次関数として実装

まずは$f_\theta(x)$を1次関数として実装してみよっか。こういう$f_\theta(x)$と目的関数$E(\theta)$を実装するのよ。

$$
f_\theta(x) = \theta_0 + \theta_1 x
$$

$$
E(\theta) = \frac{1}{2}\sum_{i=1}^{n}\left(y^{(i)} - f_\theta(x^{(i)})\right)^2 \tag{5.2.1}
$$

θ_0とθ_1の初期化もしないとだよね。初期値ってランダムでいいんだっけ。

■pythonインタラクティブシェルで実行（サンプルコード：5-2-2）

```
>>> # パラメータを初期化
>>> theta0 = np.random.rand()
>>> theta1 = np.random.rand()
>>>
>>> # 予測関数
>>> def f(x):
...     return theta0 + theta1 * x
...
>>> # 目的関数
>>> def E(x, y):
...     return 0.5 * np.sum((y - f(x)) ** 2)
...
```

いいね。あってるよ。

よし、じゃあこれで前準備は終わりかな？ パラメータを更新する部分も実装しないとね。

その前に、もう1つやっておいた方がいいことがあるのよね。学習データの平均を0、分散を1に変換するの。

え、なにそれ？

絶対やらないといけない前処理じゃないんだけど、それをやっておくとパラメータの収束が早くなるの。**標準化**とか**z-score正規化**って言ったりするんだけど、こういう式で変換できるよ。μ（ミュー）は学習データの**平均**で、σ（シグマ）は**標準偏差**のことね。

$$z^{(i)} = \frac{x^{(i)} - \mu}{\sigma} \tag{5.2.2}$$

へー、じゃあ変換も事前にやっておいた方がいいね。こうかな。

■pythonインタラクティブシェルで実行（サンプルコード：5-2-3）

```
>>> # 標準化
>>> mu = train_x.mean()
>>> sigma = train_x.std()
>>> def standardize(x):
...     return (x - mu) / sigma
...
>>> train_z = standardize(train_x)
```

そうね。変換後のデータをもう一度プロットしてみると、横軸のスケールだけが変わってることがわかると思うよ。

わかった。

■pythonインタラクティブシェルで実行（サンプルコード：5-2-4）

```
>>> plt.plot(train_z, train_y, 'o')
>>> plt.show()
```

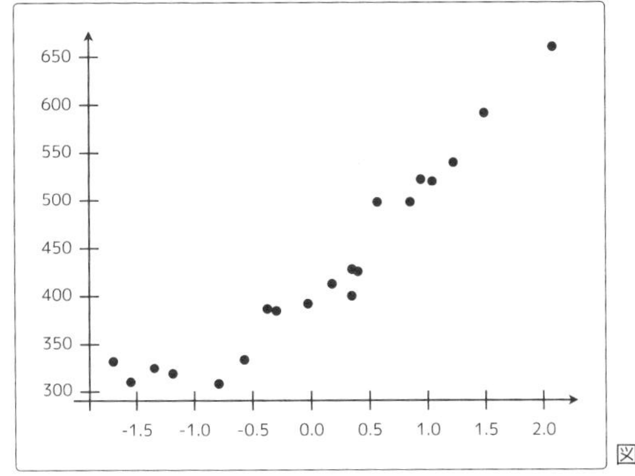

図5-2

ほんとだ。横軸のスケールが小さくなったね。

じゃ、あとはパラメータ更新部分の実装ね。更新式は覚えてる？

$$\theta_0 := \theta_0 - \eta \sum_{i=1}^{n} \left(f_\theta(x^{(i)}) - y^{(i)} \right)$$

$$\theta_1 := \theta_1 - \eta \sum_{i=1}^{n} \left(f_\theta(x^{(i)}) - y^{(i)} \right) x^{(i)} \tag{5.2.3}$$

うん、大丈夫。ηってどのくらいにすればいい？

うーん、そうねぇ。一概には言えなくて試行錯誤してみないとわからないんだけど、とりあえず10^{-3}くらいにしておこっか。

わかった。そういえば、目的関数を微分してパラメータの更新を繰り返すって言ってたけど、何回くらい繰り返せばいいんだろ？

回数を指定する場合もあるし、パラメータ更新前後の目的関数の値を比べて、ほとんど変わらなくなれば終了させる場合もあるかな。

そっか、更新前後の値を比べればいいのね。

あと、もう１つ注意する点としては、パラメータの更新は**同時**にしなきゃいけないってこと。θ_0を更新し終わった後にθ_1を更新しようとする時、更新済みのθ_0を使ってはダメで、更新前のθ_0を使わないといけないよ。

なるほど……それを踏まえて実装してみると……こんな感じ？ 一応、ログも出しておこうかな。

■pythonインタラクティブシェルで実行（サンプルコード：5-2-5）

```
>>> # 学習率
>>> ETA = 1e-3
>>>
>>> # 誤差の差分
>>> diff = 1
>>>
>>> # 更新回数
>>> count = 0
>>>
>>> # 学習を繰り返す
>>> error = E(train_z, train_y)
>>> while diff > 1e-2:
...     # 更新結果を一時変数に保存
...     tmp0 = theta0 - ETA * np.sum((f(train_z) - train_y))
...     tmp1 = theta1 - ETA * np.sum((f(train_z) - train_y) * train_z)
...     # パラメータを更新
...     theta0 = tmp0
...     theta1 = tmp1
...     # 前回の誤差との差分を計算
...     current_error = E(train_z, train_y)
...     diff = error - current_error
...     error = current_error
...     # ログの出力
...     count += 1
...     log = '{}回目: theta0 = {:.3f}, theta1 = {:.3f}, 差分 = {:.4f}'
...     print(log.format(count, theta0, theta1, diff))
...
```

こんなログが出力された。

■ログ

```
# ...省略...
401回目: theta0 = 420.440, theta1 = 88.324, 差分 = 0.0142
402回目: theta0 = 420.444, theta1 = 88.325, 差分 = 0.0137
403回目: theta0 = 420.447, theta1 = 88.325, 差分 = 0.0132
404回目: theta0 = 420.451, theta1 = 88.326, 差分 = 0.0127
405回目: theta0 = 420.454, theta1 = 88.327, 差分 = 0.0122
406回目: theta0 = 420.458, theta1 = 88.327, 差分 = 0.0117
407回目: theta0 = 420.461, theta1 = 88.328, 差分 = 0.0113
408回目: theta0 = 420.464, theta1 = 88.329, 差分 = 0.0109
409回目: theta0 = 420.467, theta1 = 88.330, 差分 = 0.0105
410回目: theta0 = 420.470, theta1 = 88.330, 差分 = 0.0101
411回目: theta0 = 420.473, theta1 = 88.331, 差分 = 0.0097
```

うん、うまく動いてそうだね。ちなみに何度か実行してみるとわかると思うけど、繰り返し回数や誤差の減り方は、実行のたびに変わってくるから気をつけてね。

パラメータの初期値をランダムに決めてるからかな？

そういうことだね。じゃあ学習もできたことだし、結果を確認するために学習データと$f_\theta(x)$をプロットしてみよっか。

■pythonインタラクティブシェルで実行（サンプルコード：5-2-6）

```
>>> x = np.linspace(-3, 3, 100)
>>>
>>> plt.plot(train_z, train_y, 'o')
>>> plt.plot(x, f(x))
>>> plt.show()
```

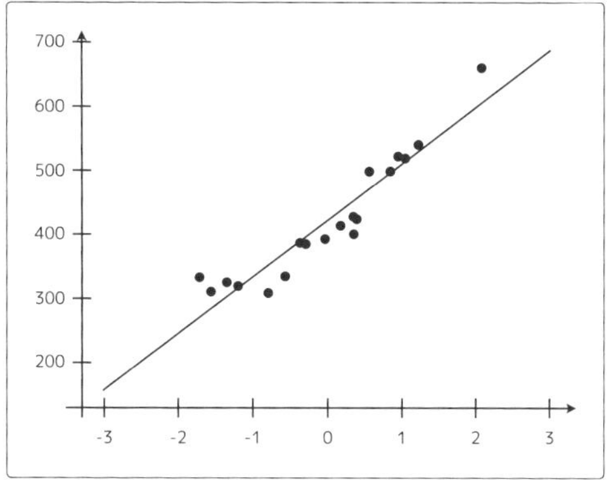

図5-3

おぉ、すごい。1次関数が学習データにフィットしてる。

Section 2 Step 3 検証

ためしに適当なxを入力して、クリック数を予測してみてよ。ただ、学習データを標準化したので、予測データも標準化しないと正しい答えが出ないから気をつけて。

そっか、標準化してたね。やってみよう。

■pythonインタラクティブシェルで実行（サンプルコード：5-2-7）

```
>>> f(standardize(100))
370.70966211722651
>>> f(standardize(200))
506.36421751505327
>>> f(standardize(300))
642.01877291287997
```

すごい、ちゃんとそれっぽく予測できてるね！

これまでアヤノが書いたプログラムをまとめるとこうね。

■サンプルファイル：regression1_linear.py※1

```
import numpy as np
import matplotlib.pyplot as plt

# 学習データを読み込む
train = np.loadtxt('click.csv', delimiter=',', dtype='int', skiprows=1)
train_x = train[:,0]
train_y = train[:,1]

# 標準化
mu = train_x.mean()
sigma = train_x.std()
def standardize(x):
    return (x - mu) / sigma

train_z = standardize(train_x)

# パラメータを初期化
theta0 = np.random.rand()
theta1 = np.random.rand()

# 予測関数
def f(x):
    return theta0 + theta1 * x

# 目的関数
def E(x, y):
    return 0.5 * np.sum((y - f(x)) ** 2)

```

※1 このサンプルファイルを実行するには、いったんインタラクティブシェルを終了させる必要があります(P.236参照)。ただし、P.165のサンプルコード5-2-8以降は5-2-7の続きになっており、インタラクティブシェルを終了してしまうと5-2-1から再入力が必要になりますので、ご注意ください。

```
# 学習率
ETA = 1e-3

# 誤差の差分
diff = 1

# 更新回数
count = 0

# 誤差の差分が0.01以下になるまでパラメータ更新を繰り返す
error = E(train_z, train_y)
while diff > 1e-2:
    # 更新結果を一時変数に保存
    tmp_theta0 = theta0 - ETA * np.sum((f(train_z) - train_y))
    tmp_theta1 = theta1 - ETA * np.sum((f(train_z) - train_y) * train_z)

    # パラメータを更新
    theta0 = tmp_theta0
    theta1 = tmp_theta1

    # 前回の誤差との差分を計算
    current_error = E(train_z, train_y)
    diff = error - current_error
    error = current_error

    # ログの出力
    count += 1
    log = '{}回目: theta0 = {:.3f}, theta1 = {:.3f}, 差分 = {:.4f}'
    print(log.format(count, theta0, theta1, diff))

# プロットして確認
x = np.linspace(-3, 3, 100)
plt.plot(train_z, train_y, 'o')
plt.plot(x, f(x))
plt.show()
```

意外と短いコード量で実装できるんだね。

すごく単純な問題だからね。

Section 2 Step 4 多項式回帰の実装

ついでに**多項式回帰**も実装してみよっか。

$$f_\theta(x) = \theta_0 + \theta_1 x + \theta_2 x^2 \tag{5.2.4}$$

多項式回帰に対応させるなら、パラメータとしてθ_2を増やして、予測関数を書き換えればいいよね。

そうなんだけど、重回帰の時に説明したみたいにパラメータも学習データもベクトルとして考えると、もっと簡単になりそうだね。

$$\boldsymbol{\theta} = \begin{bmatrix} \theta_0 \\ \theta_1 \\ \theta_2 \end{bmatrix} \quad \boldsymbol{x}^{(i)} = \begin{bmatrix} 1 \\ x^{(i)} \\ {x^{(i)}}^2 \end{bmatrix} \tag{5.2.5}$$

ああ、ベクトルか……。そういえばやったね。

ただ、学習データは複数あるから、1行を1つの学習データとみなして、行列として考える方がいいかな。

$$
\boldsymbol{X} = \begin{bmatrix} \boldsymbol{x}^{(1)\mathrm{T}} \\ \boldsymbol{x}^{(2)\mathrm{T}} \\ \boldsymbol{x}^{(3)\mathrm{T}} \\ \vdots \\ \boldsymbol{x}^{(n)\mathrm{T}} \end{bmatrix} = \begin{bmatrix} 1 & x^{(1)} & x^{(1)^2} \\ 1 & x^{(2)} & x^{(2)^2} \\ 1 & x^{(3)} & x^{(3)^2} \\ & \vdots & \\ 1 & x^{(n)} & x^{(n)^2} \end{bmatrix} \tag{5.2.6}
$$

そして、パラメータのベクトル$\boldsymbol{\theta}$との積をとるの。これで一気に計算できるよ。

$$
\boldsymbol{X\theta} = \begin{bmatrix} 1 & x^{(1)} & x^{(1)^2} \\ 1 & x^{(2)} & x^{(2)^2} \\ 1 & x^{(3)} & x^{(3)^2} \\ & \vdots & \\ 1 & x^{(n)} & x^{(n)^2} \end{bmatrix} \begin{bmatrix} \theta_0 \\ \theta_1 \\ \theta_2 \end{bmatrix} = \begin{bmatrix} \theta_0 + \theta_1 x^{(1)} + \theta_2 x^{(1)^2} \\ \theta_0 + \theta_1 x^{(2)} + \theta_2 x^{(2)^2} \\ \vdots \\ \theta_0 + \theta_1 x^{(n)} + \theta_2 x^{(n)^2} \end{bmatrix} \tag{5.2.7}
$$

なるほど！

■pythonインタラクティブシェルで実行（サンプルコード：5-2-8）

```
>>> # パラメータを初期化
>>> theta = np.random.rand(3)
>>>
>>> # 学習データの行列を作る
>>> def to_matrix(x):
...     return np.vstack([np.ones(x.shape[0]), x, x ** 2]).T
...
>>> X = to_matrix(train_z)
>>>
>>> # 予測関数
>>> def f(x):
...     return np.dot(x, theta)
...
```

そうそう、そんな感じ。あとはパラメータ更新部分もちょっと変えなきゃね。更新式は式2.5.10で見たように、こんな風に一般化できたよね。

$$\theta_j := \theta_j - \eta \sum_{i=1}^{n} \left(f_{\boldsymbol{\theta}}(\boldsymbol{x}^{(i)}) - y^{(i)} \right) x_j^{(i)} \tag{5.2.8}$$

これは、ループを使って実装してしまいがちだけど、学習データの行列$\boldsymbol{X}$をうまく使うと一気に全部計算できるの。

ん、どういうこと？

たとえば$j=0$の時、更新式の$\sum$の部分を展開してみると、こうなるのはわかる？

$$(f_{\boldsymbol{\theta}}(\boldsymbol{x}^{(1)}) - y^{(1)})x_0^{(1)} + (f_{\boldsymbol{\theta}}(\boldsymbol{x}^{(2)}) - y^{(2)})x_0^{(2)} + \cdots \tag{5.2.9}$$

うん、単純にシグマを足し算にしただけだね。

その式の$f_{\boldsymbol{\theta}}(\boldsymbol{x}^{(i)}) - y^{(i)}$の部分と、$x_0^{(i)}$の部分をそれぞれベクトルとして考えるの。

$$\boldsymbol{f} = \begin{bmatrix} f_{\boldsymbol{\theta}}(\boldsymbol{x}^{(1)}) - y^{(1)} \\ f_{\boldsymbol{\theta}}(\boldsymbol{x}^{(2)}) - y^{(2)} \\ \vdots \\ f_{\boldsymbol{\theta}}(\boldsymbol{x}^{(n)}) - y^{(n)} \end{bmatrix} \quad \boldsymbol{x_0} = \begin{bmatrix} x_0^{(1)} \\ x_0^{(2)} \\ \vdots \\ x_0^{(n)} \end{bmatrix} \tag{5.2.10}$$

あーなるほど。それを転置して掛け合わせれば、和の部分と同じになるってわけね。

$$\sum_{i=1}^{n}\left(f_{\boldsymbol{\theta}}(\boldsymbol{x}^{(i)}) - y^{(i)}\right)x_0^{(i)} = \boldsymbol{f}^{\mathrm{T}}\boldsymbol{x_0} \tag{5.2.11}$$

そういうこと。これは$j=0$についてだけ考えたけど、パラメータは全部で3個あるから、同じように$\boldsymbol{x_1}$と$\boldsymbol{x_2}$も考えてあげればいいよね。

いまは$x_0^{(i)}$が全部1で、$x_1^{(i)}$が$x^{(i)}$で、$x_2^{(i)}$が$x^{(i)^2}$ってことね？

$$\boldsymbol{x_0} = \begin{bmatrix} 1 \\ 1 \\ \vdots \\ 1 \end{bmatrix},\ \boldsymbol{x_1} = \begin{bmatrix} x^{(1)} \\ x^{(2)} \\ \vdots \\ x^{(n)} \end{bmatrix},\ \boldsymbol{x_2} = \begin{bmatrix} x^{(1)^2} \\ x^{(2)^2} \\ \vdots \\ x^{(n)^2} \end{bmatrix}$$

$$\boldsymbol{X} = \begin{bmatrix} \boldsymbol{x_0} & \boldsymbol{x_1} & \boldsymbol{x_2} \end{bmatrix} = \begin{bmatrix} 1 & x^{(1)} & x^{(1)^2} \\ 1 & x^{(2)} & x^{(2)^2} \\ 1 & x^{(3)} & x^{(3)^2} \\ & \vdots & \\ 1 & x^{(n)} & x^{(n)^2} \end{bmatrix} \tag{5.2.12}$$

そうそう。

そして$\boldsymbol{f}$と、この$\boldsymbol{X}$を掛けてあげればいいってことか。

$$\boldsymbol{f}^{\mathrm{T}}\boldsymbol{X} \tag{5.2.13}$$

うん。そうすれば一気に$\boldsymbol{\theta}$が更新できるよね。

確かに……。実装してみよう。こうかな。

■pythonインタラクティブシェルで実行（サンプルコード：5-2-9）

```
>>> # 誤差の差分
>>> diff = 1
>>>
>>> # 学習を繰り返す
>>> error = E(X, train_y)
>>> while diff > 1e-2:
...     # パラメータを更新
...     theta = theta - ETA * np.dot(f(X) - train_y, X)
...     # 前回の誤差との差分を計算
...     current_error = E(X, train_y)
...     diff = error - current_error
...     error = current_error
...
```

うん、シンプルになったし、うまく動いてそう。

もう一度、結果をプロットしてみよっか。

うん。見てみよう。

■pythonインタラクティブシェルで実行（サンプルコード：5-2-10）

```
>>> x = np.linspace(-3, 3, 100)
>>>
>>> plt.plot(train_z, train_y, 'o')
>>> plt.plot(x, f(to_matrix(x)))
>>> plt.show()
```

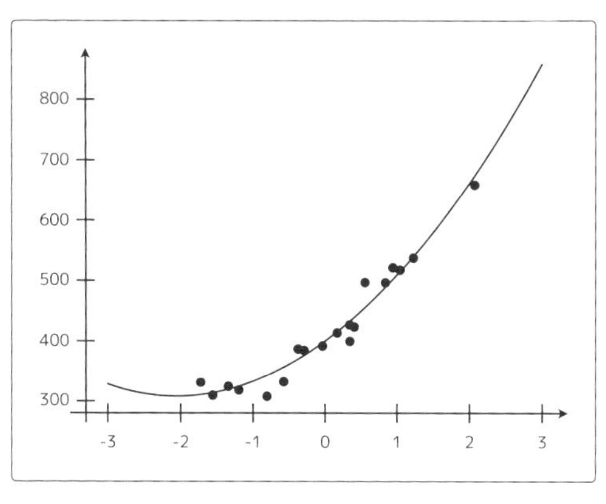

図5-4

ちゃんと曲線になって学習データにフィットしてる！

うまくいったね。

実装してみると、本当にすごく理解が深まったよ。

繰り返し回数を横軸にして、**平均二乗誤差**を縦軸にして、グラフにプロットしてみるとだんだん下がっていく様子が見えるはずだよ。

平均二乗誤差って、式4.2.1で出てきたこれのことだっけ？

$$\frac{1}{n}\sum_{i=1}^{n}\left(y^{(i)}-f_{\boldsymbol{\theta}}(\boldsymbol{x}^{(i)})\right)^2 \tag{5.2.14}$$

うん、あってるよ。

やってみる。繰り返し停止の条件に平均二乗誤差を使ってもいいのかな？

■pythonインタラクティブシェルで実行（サンプルコード：5-2-11）

```
>>> # 平均二乗誤差
>>> def MSE(x, y):
...     return (1 / x.shape[0]) * np.sum((y - f(x)) ** 2)
...
>>> # パラメータをランダムに初期化
>>> theta = np.random.rand(3)
>>>
>>> # 平均二乗誤差の履歴
>>> errors = []
>>>
>>> # 誤差の差分
>>> diff = 1
>>>
>>> # 学習を繰り返す
>>> errors.append(MSE(X, train_y))
>>> while diff > 1e-2:
...     theta = theta - ETA * np.dot(f(X) - train_y, X)
...     errors.append(MSE(X, train_y))
...     diff = errors[-2] - errors[-1]
...
>>> # 誤差をプロット
>>> x = np.arange(len(errors))
>>>
>>> plt.plot(x, errors)
>>> plt.show()
```

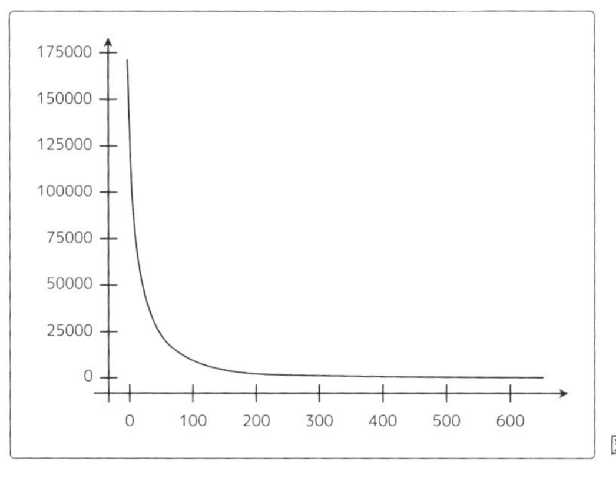

図5-5

確かに、誤差がだんだん小さくなっていってるのがわかるね。

もう回帰は大丈夫そうだね。

Section 2 Step 5 確率的勾配降下法の実装

確率的勾配降下法も実装してみていいかな？

あ、そうだね。やってみよう。

確率的勾配降下法って、式2.6.2で出てきたこの式のkを適当に選んでパラメータを更新していくんだよね。

$$\theta_j := \theta_j - \eta(f_{\boldsymbol{\theta}}(\boldsymbol{x}^{(k)}) - y^{(k)})x_j^{(k)} \tag{5.2.15}$$

うん。いまは学習データの行列 $\boldsymbol{X}$ があるから、その行の順番を適当に並べ替えてから、その更新式を適用するのを繰り返すといいよ。

やってみる。

■pythonインタラクティブシェルで実行（サンプルコード：5-2-12）

```
>>> # パラメータをランダムに初期化
>>> theta = np.random.rand(3)
>>>
>>> # 平均二乗誤差の履歴
>>> errors = []
>>>
>>> # 誤差の差分
>>> diff = 1
>>>
>>> # 学習を繰り返す
>>> errors.append(MSE(X, train_y))
>>> while diff > 1e-2:
...     # 学習データを並べ替えるためにランダムな順列を用意する
...     p = np.random.permutation(X.shape[0])
...     # 学習データをランダムに取り出して確率的勾配降下法でパラメータ更新
...     for x, y in zip(X[p,:], train_y[p]):
...         theta = theta - ETA * (f(x) - y) * x
...     # 前回の誤差との差分を計算
...     errors.append(MSE(X, train_y))
...     diff = errors[-2] - errors[-1]
...
```

エラーもないし、うまく動いてそうだね。もう一度、プロットして確認してみよう。

■pythonインタラクティブシェルで実行（サンプルコード：5-2-13）

```
>>> x = np.linspace(-3, 3, 100)
>>>
>>> plt.plot(train_z, train_y, 'o')
>>> plt.plot(x, f(to_matrix(x)))
>>> plt.show()
```

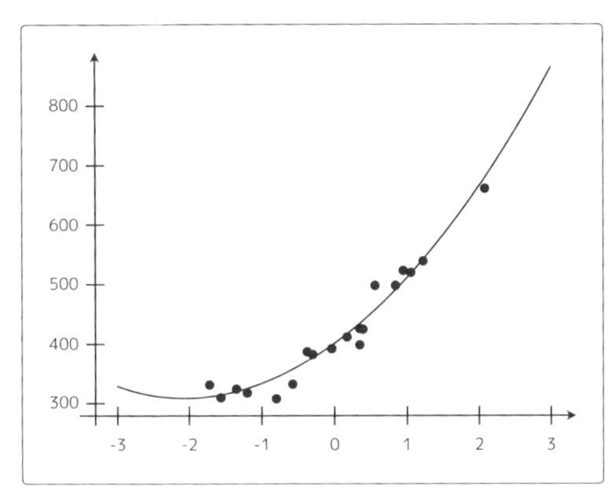

図5-6

いいね、ちゃんとフィットしてそう。

重回帰についても多項式回帰と同じで行列にすればいいだけだよね？

基本的にはそうね。ただ、重回帰の変数を標準化する場合は、変数ごとに標準化しないといけないからそこは気をつけてね。変数としてx_1、x_2、x_3があったとして、それぞれの平均、標準偏差を使って標準化するよ。

$$
z_1^{(i)} = \frac{x_1^{(i)} - \mu_1}{\sigma_1}
$$

$$
z_2^{(i)} = \frac{x_2^{(i)} - \mu_2}{\sigma_2}
$$

$$
z_3^{(i)} = \frac{x_3^{(i)} - \mu_3}{\sigma_3} \tag{5.2.16}
$$

なるほどね。

「**Iris**」※2という統計学の界隈で有名なデータセットがあるから、それを使っていろいろ試してみるのも面白いと思うよ。ここまでこれたならアヤノにもできるはず。

Irisか。ありがとう。今度、探して挑戦してみるね。

Section 3 分類（パーセプトロン）

Section 3 Step 1 学習データの確認

次は分類問題の実装に挑戦するぞ。

分類は**パーセプトロン**と**ロジスティック回帰**の2つをやったから、まずはパーセプトロンからかな？

そうね、どちらも実装してみたいな。

回帰と同じように分類用のデータも適当に準備してみたから、これを使ってみて。

※2 https://archive.ics.uci.edu/ml/datasets/Iris

■ images1.csv

```
x1,x2,y
153,432,-1
220,262,-1
118,214,-1
474,384,1
485,411,1
233,430,-1
396,361,1
484,349,1
429,259,1
286,220,1
399,433,-1
403,340,1
252,34,1
497,472,1
379,416,-1
76,163,-1
263,112,1
26,193,-1
61,473,-1
420,253,1
```

分類問題の学習データね。回帰の時と同じように、まずはプロットしてみようかな。

そうね。$y=1$ のデータをマル印で、$y=-1$ のデータをバツ印でプロットしてみるとわかりやすいかも。

やってみる。

■pythonインタラクティブシェルで実行（サンプルコード：5-3-1）

```
>>> import numpy as np
>>> import matplotlib.pyplot as plt
>>>
>>> # 学習データを読み込む
>>> train = np.loadtxt('images1.csv', delimiter=',', skiprows=1)
>>> train_x = train[:,0:2]
>>> train_y = train[:,2]
>>>
>>> # プロット
>>> plt.plot(train_x[train_y ==  1, 0], train_x[train_y ==  1, 1], 'o')
>>> plt.plot(train_x[train_y == -1, 0], train_x[train_y == -1, 1], 'x')
>>> plt.axis('scaled')
>>> plt.show()
```

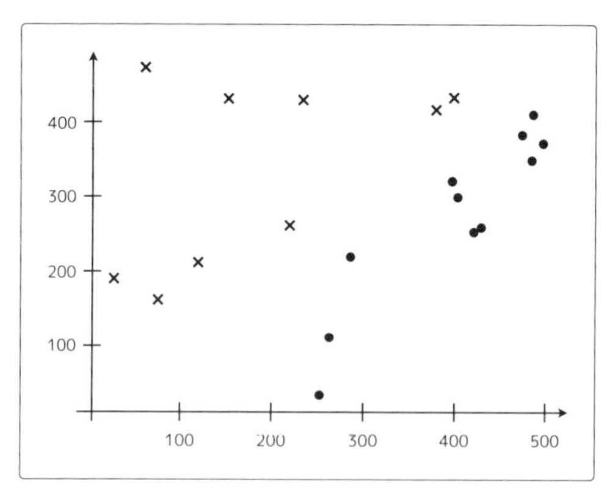

図5-7

なるほどなるほど。こんな感じになってるのね。

パーセプトロンの実装

まずはパーセプトロンの重みを初期化して、式3.3.1で出てきたこの識別関数$f_{\boldsymbol{w}}(\boldsymbol{x})$を実装しないとね。

$$f_{\boldsymbol{w}}(\boldsymbol{x}) = \begin{cases} 1 & (\boldsymbol{w} \cdot \boldsymbol{x} \geq 0) \\ -1 & (\boldsymbol{w} \cdot \boldsymbol{x} < 0) \end{cases} \tag{5.3.1}$$

重みの初期化と識別関数の定義ね。

■pythonインタラクティブシェルで実行（サンプルコード：5-3-2）

```
>>> # 重みの初期化
>>> w = np.random.rand(2)
>>>
>>> # 識別関数
>>> def f(x):
...     if np.dot(w, x) >= 0:
...         return 1
...     else:
...         return -1
...
```

うん、いいよ。あとは重みの更新式、つまり式3.3.3で出てきたこの式を実装するだけ。簡単だよ。

$$\boldsymbol{w} := \begin{cases} \boldsymbol{w} + y^{(i)}\boldsymbol{x}^{(i)} & (f_{\boldsymbol{w}}(\boldsymbol{x}^{(i)}) \neq y^{(i)}) \\ \boldsymbol{w} & (f_{\boldsymbol{w}}(\boldsymbol{x}^{(i)}) = y^{(i)}) \end{cases} \tag{5.3.2}$$

パーセプトロンの学習は何を目安に止めればいいの？ 回帰の時みたいな目的関数ってないんだよね。

精度を見て止めるのが一番良いとは思うんだけど、とりあえず適当に全データ10回ずつくらい繰り返しましょう。

はーい。

■pythonインタラクティブシェルで実行（サンプルコード：5-3-3）

```
>>> # 繰り返し回数
>>> epoch = 10
>>>
>>> # 更新回数
>>> count = 0
>>>
>>> # 重みを学習する
>>> for _ in range(epoch):
...     for x, y in zip(train_x, train_y):
...         if f(x) != y:
...             w = w + y * x
...             # ログの出力
...             count += 1
...             print('{}回目: w = {}'.format(count, w))
...
```

ログはこんな感じだった。

■ログ

```
1回目: w = [-152.90496544 -431.57980099]
2回目: w = [ 321.09503456  -47.57980099]
3回目: w = [  88.09503456 -477.57980099]
4回目: w = [ 484.09503456 -156.57980099]
5回目: w = [  85.09503456 -589.57980099]
6回目: w = [ 488.09503456 -289.57980099]
7回目: w = [ 109.09503456 -705.57980099]
```

```
8回目: w = [ 372.09503456 -593.57980099]
9回目: w = [ 846.09503456 -209.57980099]
10回目: w = [ 613.09503456 -639.57980099]
```

じゃあ、直線をプロットして確認してみよう。重みベクトルを法線ベクトルとする直線の方程式は内積をとって0になる$\boldsymbol{x}$の集まりだったよね。だから移行して形を整えると、最終的にはこういう式をプロットすればいい。

$$
\begin{aligned}
\boldsymbol{w} \cdot \boldsymbol{x} = w_1 x_1 + w_2 x_2 = 0 \\
x_2 = -\frac{w_1}{w_2} x_1
\end{aligned}
\qquad (5.3.3)
$$

うん、やってみる。

■pythonインタラクティブシェルで実行（サンプルコード：5-3-4）

```
>>> x1 = np.arange(0, 500)
>>>
>>> plt.plot(train_x[train_y ==  1, 0], train_x[train_y ==  1, 1], 'o')
>>> plt.plot(train_x[train_y == -1, 0], train_x[train_y == -1, 1], 'x')
>>> plt.plot(x1, -w[0] / w[1] * x1, linestyle='dashed')
>>> plt.show()
```

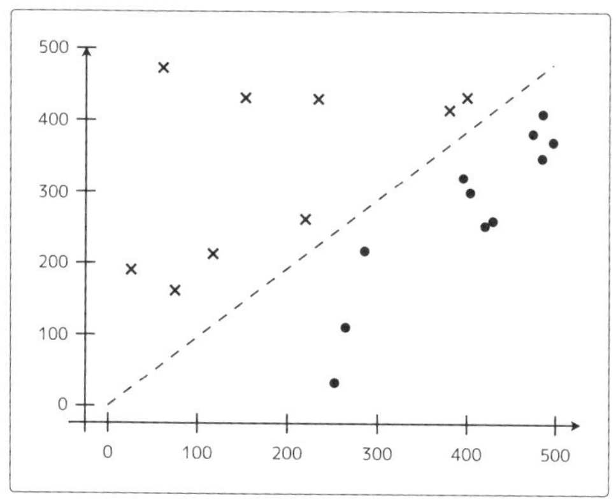

図5-8

ちゃんと分類できてそうだね。今回は学習データを標準化してないけど、しなくても動くんだね。

そうね。最初にも言ったように、基本的には標準化した方がいいけど、しなくても動く場合もあるよ。今回はその例だったね。

Section 3 Step 3 検証

適当な大きさの画像を分類させてみようかな。

■pythonインタラクティブシェルで実行（サンプルコード：5-3-5）

```
>>> # 200x100 の横長画像
>>> f([200, 100])
1
>>> # 100x200 の縦長画像
>>> f([100, 200])
-1
```

うまく動いてくれてるね。

アヤノのパーセプトロンのプログラムをまとめると、こうね。

■サンプルファイル：classification1_perceptron.py

```
import numpy as np
import matplotlib.pyplot as plt

# 学習データを読み込む
```

```
train = np.loadtxt('images1.csv', delimiter=',', skiprows=1)
train_x = train[:,0:2]
train_y = train[:,2]

# 重みの初期化
w = np.random.rand(2)

# 識別関数
def f(x):
    if np.dot(w, x) >= 0:
        return 1
    else:
        return -1

# 繰り返し回数
epoch = 10

# 更新回数
count = 0

# 重みを学習する
for _ in range(epoch):
    for x, y in zip(train_x, train_y):
        if f(x) != y:
            w = w + y * x

            # ログの出力
            count += 1
            print('{}回目: w = {}'.format(count, w))

# プロットして確認
x1 = np.arange(0, 500)
plt.plot(train_x[train_y ==  1, 0], train_x[train_y ==  1, 1], 'o')
plt.plot(train_x[train_y == -1, 0], train_x[train_y == -1, 1], 'x')
plt.plot(x1, -w[0] / w[1] * x1, linestyle='dashed')
plt.show()
```

いまは2次元のデータで試してみたけど、学習データと$\boldsymbol{w}$の次元を増やせば、3次元でもそれ以上でもできるよ。線形分離可能な問題しか解けないのは同じだけどね。

パーセプトロン簡単だったね。

Section 4 分類（ロジスティック回帰）

Section 4 Step 1 学習データの確認

次は**ロジスティック回帰**やるぞ！ 学習データはとりあえずパーセプトロンの時と同じものが使えるかな？

x_1とx_2は同じでいいけど、yを変えないといけないよ。横長を1に、縦長を0に割り当ててたからね。

そうか、そうだったね。じゃあ、学習データのyを書き換えて……っと。

■ images2.csv

```
x1,x2,y
153,432,0
220,262,0
118,214,0
474,384,1
485,411,1
233,430,0
396,361,1
484,349,1
429,259,1
286,220,1
```

```
399,433,0
403,340,1
252,34,1
497,472,1
379,416,0
76,163,0
263,112,1
26,193,0
61,473,0
420,253,1
```

Section 4 Step 2 ロジスティック回帰の実装

じゃあ、まずはパラメータを初期化して、学習データを標準化しておこうね。x_1とx_2でそれぞれ標準化しないといけないよ。あと、x_0の列を加えるのも忘れずにね。

わかった。標準化はx_1とx_2のそれぞれで平均と標準偏差を取ればいいんだから……こうね。

■pythonインタラクティブシェルで実行（サンプルコード：5-4-1）

```
>>> import numpy as np
>>> import matplotlib.pyplot as plt
>>>
>>> # 学習データを読み込む
>>> train = np.loadtxt('images2.csv', delimiter=',', skiprows=1)
>>> train_x = train[:,0:2]
>>> train_y = train[:,2]
>>>
>>> # パラメータを初期化
>>> theta = np.random.rand(3)
>>>
>>> # 標準化
```

```
>>> mu = train_x.mean(axis=0)
>>> sigma = train_x.std(axis=0)
>>> def standardize(x):
...     return (x - mu) / sigma
...
>>> train_z = standardize(train_x)
>>>
>>> # x0を加える
>>> def to_matrix(x):
...     x0 = np.ones([x.shape[0], 1])
...     return np.hstack([x0, x])
...
>>> X = to_matrix(train_z)
>>>
>>> # 標準化した学習データをプロット
>>> plt.plot(train_z[train_y == 1, 0], train_z[train_y == 1, 1], 'o')
>>> plt.plot(train_z[train_y == 0, 0], train_z[train_y == 0, 1], 'x')
>>> plt.show()
```

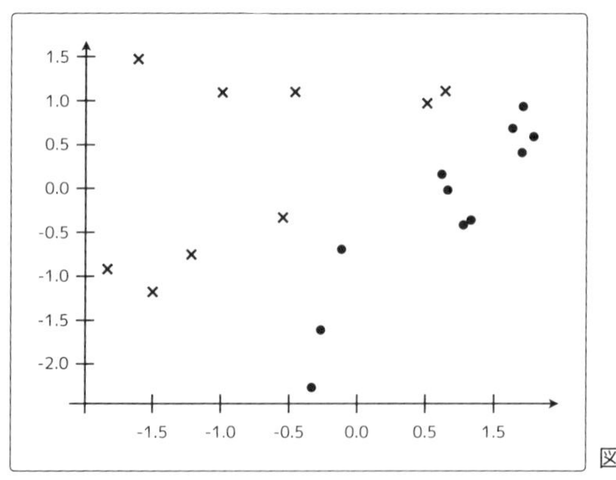

図5-9

軸のスケールが変わってて、ちゃんと標準化されてる。

次は予測関数の実装ね。式3.5.2で出てきたシグモイド関数、覚えてる？

$$f_{\boldsymbol{\theta}}(\boldsymbol{x}) = \frac{1}{1 + \exp(-\boldsymbol{\theta}^{\mathrm{T}}\boldsymbol{x})} \tag{5.4.1}$$

もちろん。これでいいかな。

■pythonインタラクティブシェルで実行（サンプルコード：5-4-2）

```
>>> # シグモイド関数
>>> def f(x):
...     return 1 / (1 + np.exp(-np.dot(x, theta)))
...
```

これで前準備は完了ね。あとはパラメータ更新部分を実装しましょう。ロジスティック回帰では尤度関数を定義したり対数尤度関数を微分したり、いろいろやってきたけど、最終的なパラメータ更新式は式3.7.18のこうだったよね。

$$\theta_j := \theta_j - \eta \sum_{i=1}^{n} \left(f_{\boldsymbol{\theta}}(\boldsymbol{x}^{(i)}) - y^{(i)} \right) x_j^{(i)} \tag{5.4.2}$$

回帰の時と同じように$f_{\boldsymbol{\theta}}(\boldsymbol{x}^{(i)}) - y^{(i)}$をベクトルとして考えて、学習データの行列と掛けてあげればいいかな？

その通り。繰り返し回数はちょっと多めに設定しましょう。5,000回くらい。この辺は実際には、学習中の精度を確認しながらどのくらい繰り返せば十分なのか試行錯誤した方がいいかな。

よし、実装してみるよ。

■pythonインタラクティブシェルで実行（サンプルコード：5-4-3）

```
>>> # 学習率
>>> ETA = 1e-3
>>>
>>> # 繰り返し回数
>>> epoch = 5000
>>>
>>> # 学習を繰り返す
>>> for _ in range(epoch):
...     theta = theta - ETA * np.dot(f(X) - train_y, X)
...
```

うまく動いてそう。

じゃあ、結果をプロットして確認してみよっか。ロジスティック回帰では、$\boldsymbol{\theta}^{\mathrm{T}}\boldsymbol{x} = 0$という直線が決定境界になるっていう話をしたよね。

$\boldsymbol{\theta}^{\mathrm{T}}\boldsymbol{x} \geq 0$の時に横長で、$\boldsymbol{\theta}^{\mathrm{T}}\boldsymbol{x} < 0$の時に縦長になる、っていう話ね。

そうそう。$\boldsymbol{\theta}^{\mathrm{T}}\boldsymbol{x} = 0$を変形して整理すると、こういう式になるでしょ。これをプロットしてみればいいよ。

$$\begin{aligned}
\boldsymbol{\theta}^{\mathrm{T}}\boldsymbol{x} &= \theta_0 x_0 + \theta_1 x_1 + \theta_2 x_2 \\
&= \theta_0 + \theta_1 x_1 + \theta_2 x_2 = 0 \\
x_2 &= -\frac{\theta_0 + \theta_1 x_1}{\theta_2}
\end{aligned} \tag{5.4.3}$$

パーセプトロンの時と同じような感じね。

■pythonインタラクティブシェルで実行（サンプルコード：5-4-4）

```
>>> x0 = np.linspace(-2, 2, 100)
>>>
>>> plt.plot(train_z[train_y == 1, 0], train_z[train_y == 1, 1], 'o')
>>> plt.plot(train_z[train_y == 0, 0], train_z[train_y == 0, 1], 'x')
>>> plt.plot(x0, -(theta[0] + theta[1] * x0) / theta[2],
linestyle='dashed')
>>> plt.show()
```

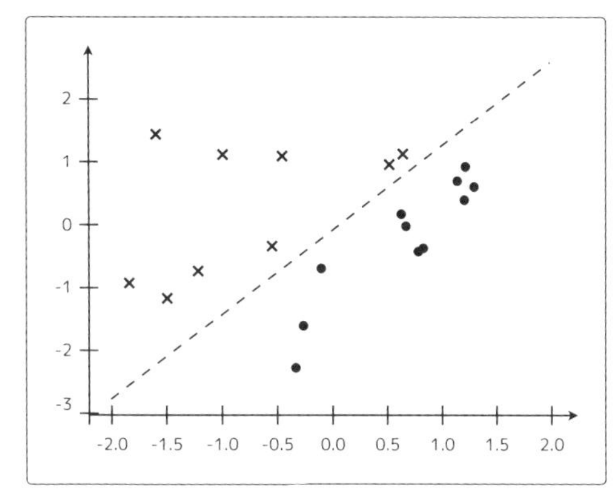

図5-10

ロジスティック回帰でもちゃんと分類できてる！

Section 4 Step 3 検証

ためしに適当な画像を分類してみてよ。予測データを標準化するのを忘れずにね。

やってみよう。

■pythonインタラクティブシェルで実行（サンプルコード：5-4-5）

```
>>> f(to_matrix(standardize([
...     [200,100], # 200x100 の横長画像
...     [100,200]  # 100x200 の縦長画像
... ])))
array([ 0.91740319,  0.02955752])
```

えーっと……？

$f_{\boldsymbol{\theta}}(\boldsymbol{x})$が返すのは$\boldsymbol{x}$が横長である確率だったよね。

ああ、そうだったね。だから最初の200x100の画像に対応する0.91740319という値は横長である確率が91.7%ってことで、100x200に対する0.02955752という値は横長である確率が2.9%ってことか。

そういうこと。確率をそのまま見てもピンとこないだろうから、しきい値を決めて1か0を返すような関数を定義するといいよ。

それもそうね。こんな感じかな？

■pythonインタラクティブシェルで実行（サンプルコード：5-4-6）

```
>>> def classify(x):
...     return (f(x) >= 0.5).astype(np.int)
...
>>> classify(to_matrix(standardize([
...     [200,100], # 200x100 の横長画像
...     [100,200]  # 100x200 の縦長画像
... ])))
array([1, 0])
```

こっちの方がわかりやすいね。200x100が横長に分類されて、100x200が縦長に分類されたってことだね。

いつものようにアヤノが書いたプログラムをまとめるとこうね。

■サンプルファイル：classification2_logistic_regression.py

```
import numpy as np
import matplotlib.pyplot as plt

# 学習データを読み込む
train = np.loadtxt('images2.csv', delimiter=',', skiprows=1)
train_x = train[:,0:2]
train_y = train[:,2]

# パラメータを初期化
theta = np.random.rand(3)

# 標準化
mu = train_x.mean(axis=0)
sigma = train_x.std(axis=0)
def standardize(x):
    return (x - mu) / sigma

train_z = standardize(train_x)

# x0を加える
def to_matrix(x):
    x0 = np.ones([x.shape[0], 1])
    return np.hstack([x0, x])

X = to_matrix(train_z)

# シグモイド関数
def f(x):
    return 1 / (1 + np.exp(-np.dot(x, theta)))
```

```
# 分類関数
def classify(x):
    return (f(x) >= 0.5).astype(np.int)

# 学習率
ETA = 1e-3

# 繰り返し回数
epoch = 5000

# 更新回数
count = 0

# 学習を繰り返す
for _ in range(epoch):
    theta = theta - ETA * np.dot(f(X) - train_y, X)

    # ログの出力
    count += 1
    print('{}回目: theta = {}'.format(count, theta))

# プロットして確認
x0 = np.linspace(-2, 2, 100)
plt.plot(train_z[train_y == 1, 0], train_z[train_y == 1, 1], 'o')
plt.plot(train_z[train_y == 0, 0], train_z[train_y == 0, 1], 'x')
plt.plot(x0, -(theta[0] + theta[1] * x0) / theta[2], linestyle='dashed')
plt.show()
```

Section 4 Step 4 線形分離不可能な分類を実装する

線形分離不可能な問題への適用もやってみる？

うん、やる！

じゃあ、今度はこういうデータを使ってみよう。

■ data3.csv

```
x1,x2,y
0.54508775,2.34541183,0
0.32769134,13.43066561,0
4.42748117,14.74150395,0
2.98189041,-1.81818172,1
4.02286274,8.90695686,1
2.26722613,-6.61287392,1
-2.66447221,5.05453871,1
-1.03482441,-1.95643469,1
4.06331548,1.70892541,1
2.89053966,6.07174283,0
2.26929206,10.59789814,0
4.68096051,13.01153161,1
1.27884366,-9.83826738,1
-0.1485496,12.99605136,0
-0.65113893,10.59417745,0
3.69145079,3.25209182,1
-0.63429623,11.6135625,0
0.17589959,5.84139826,0
0.98204409,-9.41271559,1
-0.11094911,6.27900499,0
```

うわ、今までとは違って何かよくわからないデータね……。とりあえずセオリー通りプロットしてみる。

■pythonインタラクティブシェルで実行（サンプルコード：5-4-7）

```
>>> import numpy as np
>>> import matplotlib.pyplot as plt
>>>
>>> # 学習データを読み込む
>>> train = np.loadtxt('data3.csv', delimiter=',', skiprows=1)
>>> train_x = train[:,0:2]
>>> train_y = train[:,2]
>>>
>>> plt.plot(train_x[train_y == 1, 0], train_x[train_y == 1, 1], 'o')
>>> plt.plot(train_x[train_y == 0, 0], train_x[train_y == 0, 1], 'x')
>>> plt.show()
```

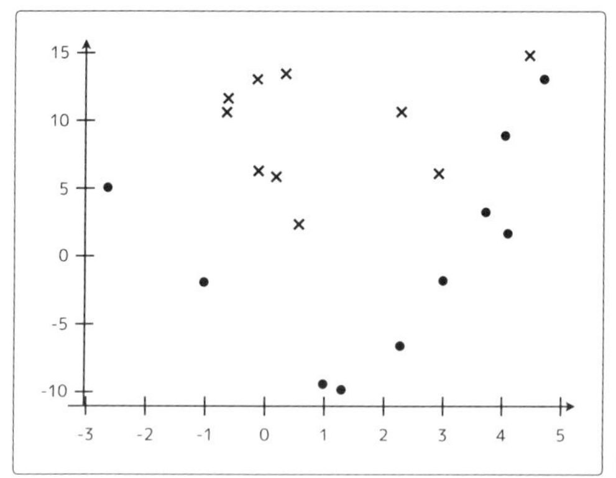

図5-11

確かに直線1本じゃ分類できなさそうなデータね……2次関数かな？

そう。学習データにx_1^2を加えてみるとうまく分類できるよ。

ということはパラメータとしてθ_3が増えて、全部で4つになるってことね。

■pythonインタラクティブシェルで実行（サンプルコード：5-4-8）

```
>>> # パラメータを初期化
>>> theta = np.random.rand(4)
...
>>> # 標準化
>>> mu = train_x.mean(axis=0)
>>> sigma = train_x.std(axis=0)
>>> def standardize(x):
...     return (x - mu) / sigma
...
>>> train_z = standardize(train_x)
>>>
>>> # x0とx3を加える
>>> def to_matrix(x):
...     x0 = np.ones([x.shape[0], 1])
...     x3 = x[:,0,np.newaxis] ** 2
...     return np.hstack([x0, x, x3])
...
>>> X = to_matrix(train_z)
```

そういうこと。シグモイド関数や学習部分はさっきとまったく同じでいいと思うから、そのまま実行していいよ。

コピーしよ。

■pythonインタラクティブシェルで実行（サンプルコード：5-4-9）

```
>>> # シグモイド関数
>>> def f(x):
...     return 1 / (1 + np.exp(-np.dot(x, theta)))
...
>>> # 学習率
>>> ETA = 1e-3
>>>
>>> # 繰り返し回数
>>> epoch = 5000
```

```
>>>
>>> # 学習を繰り返す
>>> for _ in range(epoch):
...     theta = theta - ETA * np.dot(f(X) - train_y, X)
...
```

エラーもないからうまく動いてそうだね。えっと、結果をプロットするには……

パラメータが4つになった$\boldsymbol{\theta}^{\mathrm{T}}\boldsymbol{x} = 0$はこうやって変形できるから、これをプロットするといいよ。

$$
\begin{aligned}
\boldsymbol{\theta}^{\mathrm{T}}\boldsymbol{x} &= \theta_0 x_0 + \theta_1 x_1 + \theta_2 x_2 + \theta_3 x_1^2 \\
&= \theta_0 + \theta_1 x_1 + \theta_2 x_2 + \theta_3 x_1^2 = 0 \\
x_2 &= -\frac{\theta_0 + \theta_1 x_1 + \theta_3 x_1^2}{\theta_2}
\end{aligned}
\tag{5.4.4}
$$

ああ、そうそう。式の導出もやろうとしたのに……！

■pythonインタラクティブシェルで実行（サンプルコード：5-4-10）

```
>>> x1 = np.linspace(-2, 2, 100)
>>> x2 = -(theta[0] + theta[1] * x1 + theta[3] * x1 ** 2) / theta[2]
>>>
>>> plt.plot(train_z[train_y == 1, 0], train_z[train_y == 1, 1], 'o')
>>> plt.plot(train_z[train_y == 0, 0], train_z[train_y == 0, 1], 'x')
>>> plt.plot(x1, x2, linestyle='dashed')
>>> plt.show()
```

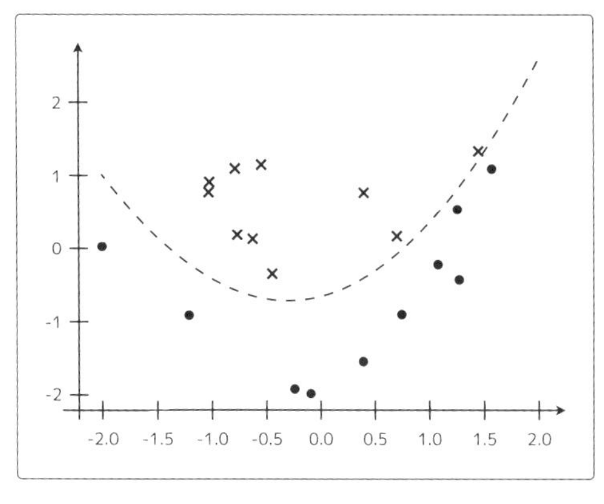

図5-12

おお、すごい。**決定境界**がちゃんと曲線になってくれてる。

回帰の時と同じように、繰り返し回数を横軸、精度を縦軸にしてグラフにプロットすると、今度は**精度**が上がっていく様子が見えるはずだよ。

精度って式4.2.2で見たこれでいいんだよね。

$$Accuracy = \frac{\mathrm{TP} + \mathrm{TN}}{\mathrm{TP} + \mathrm{FP} + \mathrm{FN} + \mathrm{TN}} \tag{5.4.5}$$

うん、それのこと。正しく分類できたデータの数を全体の数で割ったものだね。

よし、確認してみる。

■pythonインタラクティブシェルで実行（サンプルコード：5-4-11）

```
>>> # パラメータを初期化
>>> theta = np.random.rand(4)
>>>
>>> # 精度の履歴
>>> accuracies = []
>>>
>>> # 学習を繰り返す
>>> for _ in range(epoch):
...     theta = theta - ETA * np.dot(f(X) - train_y, X)
...     # 現在の精度を計算
...     result = classify(X) == train_y
...     accuracy = len(result[result == True]) / len(result)
...     accuracies.append(accuracy)
...
>>> # 精度をプロット
>>> x = np.arange(len(accuracies))
>>>
>>> plt.plot(x, accuracies)
>>> plt.show()
```

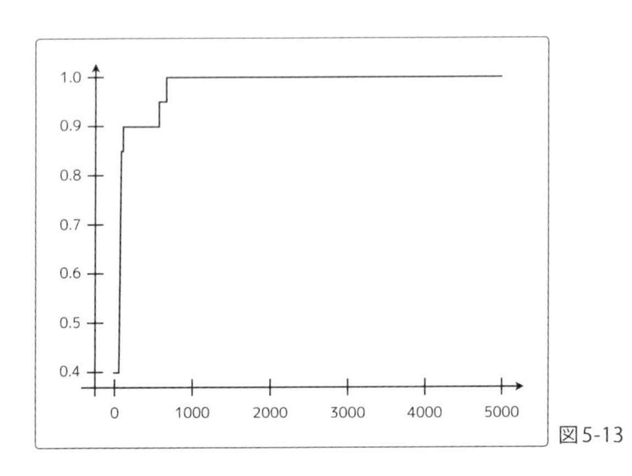

図5-13

たしかに回数を重ねるたびに精度がよくなっていってるね。なんかグラフがカクカクしてるけど……

学習データが20個しかないからね。精度が0.05刻みの値しか取らないからカクカクしてるように見えるだけだよ。

そっか。よく考えたらそうだね。

そしてこの図を見れば、5,000回も繰り返さなくても既に精度が1.0になってるのがわかるよね。私は何も考えず適当に5,000回って言ったけど、こんな風に学習ループごとに精度を計算して、十分なところまで達したら学習を止めるというやり方もあるよ。

最初の方で、精度を見て止める、って言ってたのはこういうことね。

Section 4 Step 5 確率的勾配降下法の実装

回帰と同じように**確率的勾配降下法**での実装も試しておく？

うん、やってみるよ。といっても、学習部分をちょっと変えるだけだよね。

■pythonインタラクティブシェルで実行（サンプルコード：5-4-12）

```
>>> # パラメータを初期化
>>> theta = np.random.rand(4)
>>>
>>> # 学習を繰り返す
>>> for _ in range(epoch):
...     # 確率的勾配降下法でパラメータ更新
...     p = np.random.permutation(X.shape[0])
...     for x, y in zip(X[p,:], train_y[p]):
...         theta = theta - ETA * (f(x) - y) * x
```

そうね。それでいいよ。

プロットして確認してみよう。

■pythonインタラクティブシェルで実行（サンプルコード：5-4-13）

```
>>> x1 = np.linspace(-2, 2, 100)
>>> x2 = -(theta[0] + theta[1] * x1 + theta[3] * x1 ** 2) / theta[2]
>>>
>>> plt.plot(train_z[train_y == 1, 0], train_z[train_y == 1, 1], 'o')
>>> plt.plot(train_z[train_y == 0, 0], train_z[train_y == 0, 1], 'x')
>>> plt.plot(x1, x2, linestyle='dashed')
>>> plt.show()
```

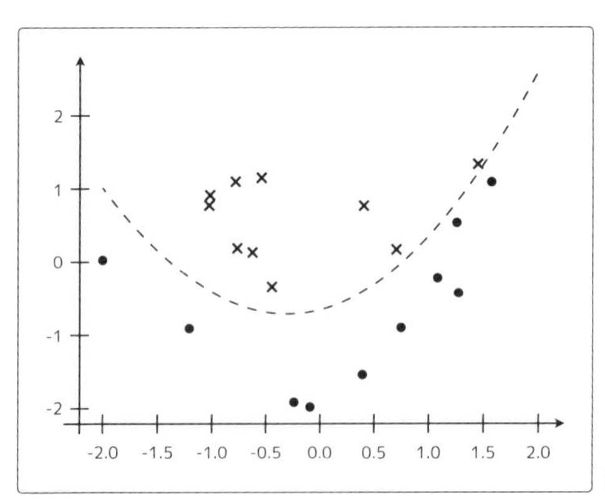

図5-14

うまく分類できてる！

もう分類も大丈夫そうだね。Irisは分類にも使えるから、いろいろ試してみるといいよ。

Section 5 正則化

Section 5 Step 1 学習データの確認

そうだ、あと**正則化**もやっておきたいな。

あ、そうだね。正則化の動きも確認しておいた方がよさそうね。

うん。たぶん学習部分をちょっと修正するだけでいけると思ってるけど、そうだよね？

そうね。でも、ただ正則化を適用するだけじゃなくて、過学習した時のグラフの状態と、正則化を適用した時のグラフの状態を見比べてみて、どういう影響を及ぼすのかを具体的にイメージできるようになると良いかな。

じゃあ、まずは意図的に過学習状態を作ればいいね。えっと、学習データを少なくてして、次数をあげてみればいいんだっけ……？

基本的にはそうね。正則化については、うまく可視化できるように私が試行錯誤してみたから、私が書きながら説明していってもいいかな？

おお、そうだったんだ。助かるよ。ありがとう。

じゃあ、まずこんな関数を考えてみよう。

$$g(x) = 0.1(x^3 + x^2 + x) \tag{5.5.1}$$

この$g(x)$に少しノイズを与えた学習データを作ってプロットしてみるね。

■pythonインタラクティブシェルで実行（サンプルコード：5-5-1）

```
>>> import numpy as np
>>> import matplotlib.pyplot as plt
>>>
>>> # 真の関数
>>> def g(x):
...     return 0.1 * (x ** 3 + x ** 2 + x)
...
>>> # 真の関数にノイズを加えた学習データを適当な数だけ用意する
>>> train_x = np.linspace(-2, 2, 8)
>>> train_y = g(train_x) + np.random.randn(train_x.size) * 0.05
>>>
>>> # プロットして確認
>>> x = np.linspace(-2, 2, 100)
>>> plt.plot(train_x, train_y, 'o')
>>> plt.plot(x, g(x), linestyle='dashed')
>>> plt.ylim(-1, 2)
>>> plt.show()
```

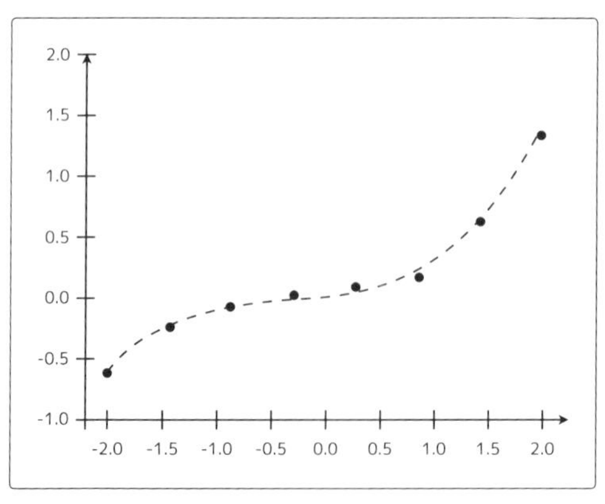

図5-15

点線が正しい$g(x)$のグラフで、丸い点が少しノイズを加えた学習データね。とりあえず8個準備してみたものよ。

なるほど。

この学習データを、たとえば10次の多項式で学習してみましょう。まずは学習データの行列を作って、予測関数を定義するまで。

■ pythonインタラクティブシェルで実行（サンプルコード：5-5-2）

```
>>> # 標準化
>>> mu = train_x.mean()
>>> sigma = train_x.std()
>>> def standardize(x):
...     return (x - mu) / sigma
...
>>> train_z = standardize(train_x)
>>>
>>> # 学習データの行列を作る
>>> def to_matrix(x):
...     return np.vstack([
...         np.ones(x.size),
...         x,
...         x ** 2,
...         x ** 3,
...         x ** 4,
...         x ** 5,
...         x ** 6,
...         x ** 7,
...         x ** 8,
...         x ** 9,
...         x ** 10,
...     ]).T
...
>>> X = to_matrix(train_z)
>>>
>>> # パラメータの初期化
>>> theta = np.random.randn(X.shape[1])
>>>
>>> # 予測関数
>>> def f(x):
...     return np.dot(x, theta)
...
```

ここまでは大丈夫？

うん、大丈夫。10次の多項式か。結構すごいね……。パラメータの数はθ_0も合わせて11個ってことね。

Section 5 Step 2 正則化を適用しない実装

じゃあ、学習していこう。まずは正則化を適用しない状態ね。ηの値や学習の終了条件は、私が事前に試行錯誤して決めたものよ。

■pythonインタラクティブシェルで実行（サンプルコード：5-5-3）

```
>>> # 目的関数
>>> def E(x, y):
...     return 0.5 * np.sum((y - f(x)) ** 2)
...
>>> # 学習率
>>> ETA = 1e-4
>>>
>>> # 誤差
>>> diff = 1
>>>
>>> # 学習を繰り返す
>>> error = E(X, train_y)
>>> while diff > 1e-6:
...     theta = theta - ETA * np.dot(f (X) - train_y, X)
...     current_error = E(X, train_y)
...     diff = error - current_error
...     error = current_error
...
>>> # 結果をプロット
>>> z = standardize(x)
>>> plt.plot(train_z, train_y, 'o')
```

```
>>> plt.plot(z, f(to_matrix(z)))
>>> plt.show()
```

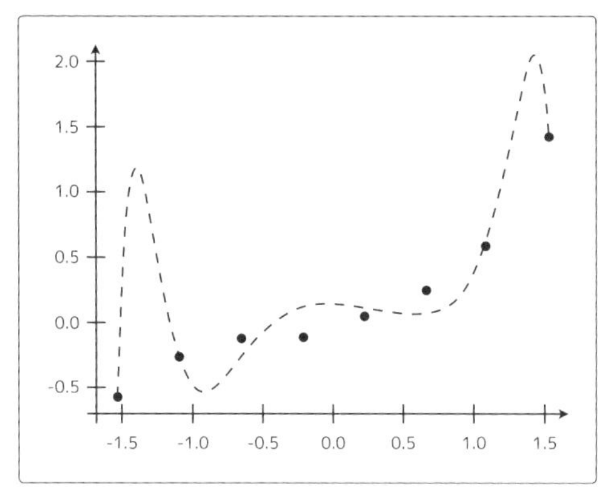

図5-16

なんかいびつな形をしたグラフだね……。※3

これが過学習が起きてる状態よ。パラメータの初期値を乱数で決定しているから、このグラフの形は実行の度に変わるんだけど、この図を見ても$g(x)$には程遠いのがわかるよね。

正則化を適用すれば、このグラフがもっとマシになるんだよね。

Section 5 Step 3 正則化を適用した実装

じゃあ、次は正則化を適用した状態で学習してみるね。λの値も、私が事前に試行錯誤して決めたものよ。

※3　図5-16～5-18は、紙面と完全に同じ形にならないことがあります。また、実行のたびに形が変わります。

■pythonインタラクティブシェルで実行（サンプルコード：5-5-4）

```
>>> # 正則化なしのパラメータを保存して再度パラメータ初期化
>>> theta1 = theta
>>> theta = np.random.randn(X.shape[1])
>>>
>>> # 正則化定数
>>> LAMBDA = 1
>>>
>>> # 誤差
>>> diff = 1
>>>
>>> # 学習を繰り返す(正則化項つき)
>>> error = E(X, train_y)
>>> while diff > 1e-6:
...     # 正則化項。バイアス項は正則化を適用しないので0にする
...     reg_term = LAMBDA * np.hstack([0, theta[1:]])
...     # 正則化項を適用してパラメータを更新する
...     theta = theta - ETA * (np.dot(f(X) - train_y, X) + reg_term)
...     current_error = E(X, train_y)
...     diff = error - current_error
...     error = current_error
...
>>> # 結果をプロット
>>> plt.plot(train_z, train_y, 'o')
>>> plt.plot(z, f(to_matrix(z)))
>>> plt.show()
```

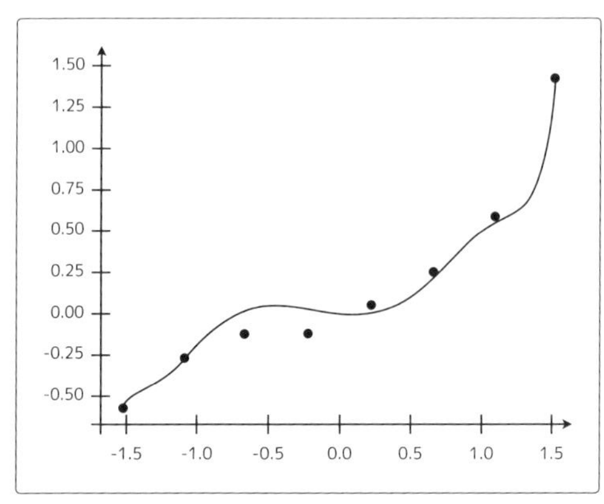

図5-17

すごい、さっきより学習データにフィットしてる。

比較するために、正則化を適用したものとそうでないものとを同じ図にプロットしてみるね。点線が正則化なし、実践が正則化あり、だよ。

■pythonインタラクティブシェルで実行（サンプルコード：5-5-5）

```
>>> # 正則化ありのパラメータを保存
>>> theta2 = theta
>>>
>>> plt.plot(train_z, train_y, 'o')
>>>
>>> # 正則化なしの結果をプロット
>>> theta = theta1
>>> plt.plot(z, f(to_matrix(z)), linestyle='dashed')
>>>
>>> # 正則化ありの結果をプロット
>>> theta = theta2
>>> plt.plot(z, f(to_matrix(z)))
>>>
>>> plt.show()
```

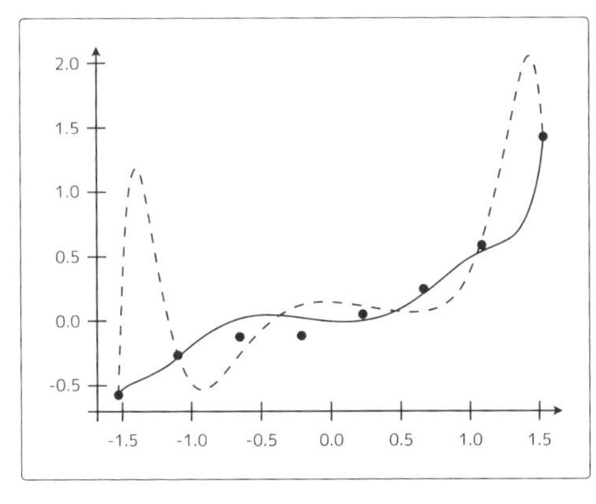

図5-18

正則化がちゃんと効いてそうだね！

これが実際の正則化の効果ね。イメージはつかめたかな？

うん。ばっちり。実際に動かして確認してみると、わかりやすいね。

そうだよね。百聞は一見にしかず。

これで、一通り実装し終わったかな。実装は意外と簡単だったし、すごく理解が深まったし、良かった！今日はありがとう。

Section 6 後日談

最近どう？

ミオがいろいろ教えてくれたおかげで機械学習の勉強がすごくはかどるようになったよ。データからパラメータが更新されていく様子はちゃんとイメージできるようになったし、新しい手法の解説を読む時もすんなり説明が入ってくるようになった。

それはよかった。私も教えた甲斐があったよ。

最近気付いたんだけどさ、勾配降下法には亜種がいくつもあるんだね。モーメンタム法、Adagrad、Adadelta、Adamなんかがあることを知って、どうやってパラメータを最適化していくのか、それぞれのメリット・デメリットなんかを勉強してるよ。

そうそう。最適化の手法にもいろいろあるんだよね。

あとさ、ミオには線形回帰とパーセプトロン、ロジスティック回帰を教えてもらったけど、いまはそれ以外のアルゴリズムの勉強もしててね。調べてみると、ランダムフォレストとかサポートベクターマシンとかナイーブベイズとか、本当にいろんなやり方があってさ。
アルゴリズムを考える人はすごいよね～。

アヤノ、楽しそうだね！

うん、楽しいよ～。理解できるようになると楽しいからね。実は、会社でも機械学習を使ったプログラムを１つ導入してみたんだよね。

へえ、どんなもの？

うちの会社が提供してるサービスで、性的表現や暴力表現、罵声なんかの好ましくないポストを全部人手で検閲してるんだけどね。それなりに量が多くて大変だから、機械学習を使って文章がどれくらい好ましくないかの確率を出して、確率が高い順に並べ替えて検閲を支援するようにしてみた。

すごいじゃん。その支援ツールはうまく使われてるの？

いまのところちゃんと使われてるよ。上司からも関連部署からも「ありがとう」って言われて嬉しかったな。

もうすっかり機械学習のエンジニアだね。教えたお礼に、私にも何かお返ししてもらわなきゃな～。

うん、そうだね！これから一緒にデザートでも食べようよ。もちろん私がおごるよ。

悪くない提案だね（笑）

Appendix

付録

Section 1

総和の記号・総乗の記号

足し算を表す時に便利なのが**総和**の記号$\sum$で、**シグマ**と読みます。たとえば、こんな足し算を考えてみましょう。

$$1 + 2 + 3 + 4 + \cdots + 99 + 100 \tag{A.1.1}$$

1から100までの単純な足し算です。数字を100個書くのは大変なので、途中は省略して表現していますが、これを総和の記号を使って書くとこんな風に簡単になります。

$$\sum_{i=1}^{100} i \tag{A.1.2}$$

$i=1$からはじめて100に到達するまで足していく式です。いまは明示的に100まで、と指定していますが、そもそも何個足せばいいのかがわからない時などは、nを使ってこのように表すことがあります。

$$\sum_{i=1}^{n} i \tag{A.1.3}$$

本文中（2章のP.033）にこのような式が出ててきており、これにもnが使われています。これは、学習データが10個かもしれないし20個かもしれないし、いまの時点ではなんとも言えないから、とりあえずnという文字で表しています。このように、何個の数を足し合わせればいいのか具体的にわかっていない場合でも、$\sum$だとうまく表現できるようになっています。

もうお分かりかとは思いますが、本文中の式を$\sum$を使わずに表すとこのようになります。

$$\begin{aligned} E(\theta) &= \frac{1}{2}\sum_{i=1}^{n}\left(y^{(i)} - f_\theta(x^{(i)})\right)^2 \\ &= \frac{1}{2}\left(\left(y^{(1)} - f_\theta(x^{(1)})\right)^2 + \left(y^{(2)} - f_\theta(x^{(2)})\right)^2 + \cdots + \left(y^{(n)} - f_\theta(x^{(n)})\right)^2\right) \end{aligned} \tag{A.1.4}$$

また、集合に対して総和の記号を使うこともあります。たとえば、このような偶数の集合があったとしましょう。

$$G = \{2, 4, 6, 8, 10\} \tag{A.1.5}$$

この集合Gの要素をすべて足し上げるような場合は、このような書き方をすることがあります。

$$\sum_{g \in G} g \tag{A.1.6}$$

これは、$2+4+6+8+10$という意味です。最初の例と違って開始と終了の指定がありませんが、このように集合に対して、総和の記号を使うこともあるので覚えておきましょう。

また、掛け算を表す時に便利なのが総乗の記号$\prod$で、パイと読みます。パイはシグマの掛け算バージョンです。こんな掛け算を考えてみましょう。

$$1 \cdot 2 \cdot 3 \cdot 4 \cdots 99 \cdot 100 \tag{A.1.7}$$

これは**総乗**の記号を使うとこんな風に書けます。

$$\prod_{i=1}^{100} i \tag{A.1.8}$$

シグマと同じように、何個掛ければいいかわからないような時はnを使うこともできます。

$$\prod_{i=1}^{n} i \tag{A.1.9}$$

Section 2

微分

機械学習で扱うような最適化問題を解くための方法はいくつかありますが、そのうちの1つが**微分**を使ったものです。機械学習に限らず、微分は様々なところに応用されており、非常に重要な概念ですので、ぜひとも基礎を理解しておくことをおすすめします。ここでは、微分の基礎について少し説明をしていきたいと思います。

微分とは、関数のある点における傾きを調べたり、瞬間の変化を捉えることができるものだと言われます。これだと少しイメージしにくいかもしれませんので、具体的な例を出して考えていきましょう。たとえば、車に乗って街を走ることを想像してみてください。横軸を経過時間、縦軸を走行距離とすると、それらの関係はこんな風にグラフに表せるのではないでしょうか。

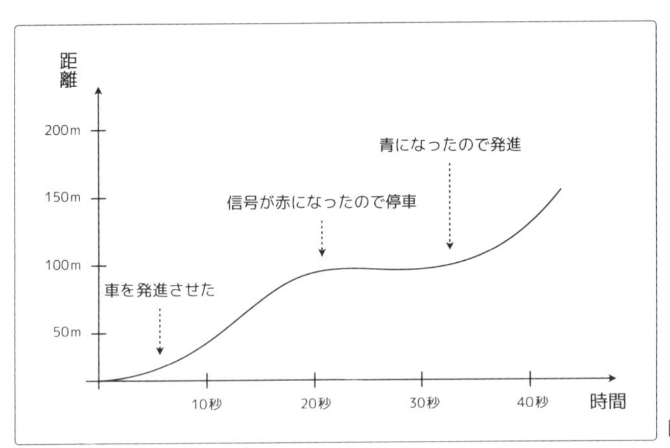

図A-1

このグラフによると、40秒で120mほど走行していますので、その間にどれくらいの速度が出ていたのかは、以下の計算式ですぐにわかります。

$$\frac{120m}{40s} = 3m/s \tag{A.2.1}$$

ただし、これは平均速度であって、常に$3m/s$の速度が出ていたわけではありません。グラフからもわかるように、発進時は速度が遅いためゆっくり進みますし、信号停止の際は速度が0になってしまい、まったく進まなくなります。このように、一般的にある時点におけるその瞬間の速度はそれぞれで異なる値を取ります。

先程は40秒間での速度を計算しましたが、そういった「**瞬間の変化量**」を求めるために、だんだん間隔を狭めていってみます。図A-2のように10秒から20秒の間に注目してみると、その間では約60mほど走行していますので、このように速度を求めることができます。

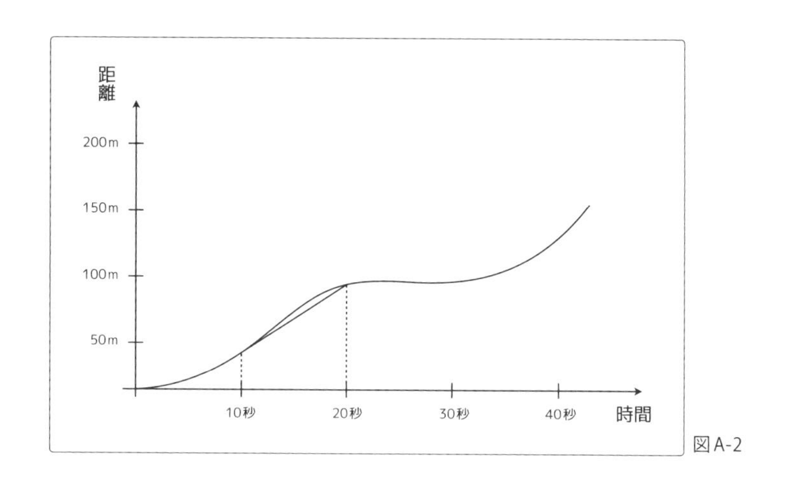

図A-2

$$\frac{60m}{10s} = 6m/s \tag{A.2.2}$$

これは要するにある区間でのグラフの傾きを求めるのと同じことです。この要領で今度は10秒と11秒の間、そして10.0秒と10.1秒の間、という風にどんどん間隔を小さくしていくと、10秒時点のその瞬間の傾き、すなわち速度がわかります。このようにして、間隔を狭めていき傾きを求める、という作業こそが微分にほかなりません。

ここで説明したような「瞬間の変化量」を求めるために、関数を$f(x)$と置き、hを微小な数とすると、関数$f(x)$の点xでの傾きは以下のような式で表すことができます。

$$\frac{d}{dx}f(x) = \lim_{h \to 0} \frac{f(x+h) - f(x)}{h} \tag{A.2.3}$$

※$\frac{d}{dx}$は微分演算子と呼ばれ、$f(x)$の微分を表現する際は$\frac{df(x)}{dx}$や$\frac{d}{dx}f(x)$などと書かれます。また、同じ微分を表す記号としてプライム“,”もあり、$f(x)$の微分を$f'(x)$と表すこともあります。どの書式でも問題ありませんが、本書では微分演算子$\frac{d}{dx}$を使った表記に統一しています。

文字がでてくると急に難しくなったように感じますが、具体的な数字を代入してみるとイメージが付きやすいと思います。たとえば先程例に出した10.0秒と10.1秒の間の傾きを考えると、$x=10$, $h=0.1$ということです。仮に10.0秒の時点で40.0m走行しており、10.1秒の時点で40.6m走行したとすると、このように計算できます。

$$\frac{f(10+0.1)-f(10)}{0.1}=\frac{40.6-40}{0.1}=6 \tag{A.2.4}$$

この6という値が傾きであり、いまの場合はこれが速度となります。本当はhは限りなく0に近づける必要がありますので、0.1よりももっともっと小さい値でなければなりませんが、これはあくまで例ですので$h=0.1$として計算してみました。

さて、このような式を計算することで、関数$f(x)$の点xにおける傾きを求める、つまり微分することができました。実際には、この式そのままでは扱いにくいのですが、微分には覚えておくと便利な性質がいくつかあります。実際に本書で使うことになりますので、それらを紹介しましょう。

まず1つ目ですが、$f(x)=x^n$とした時、それを微分するとこうなります。

$$\frac{d}{dx}f(x)=nx^{n-1} \tag{A.2.5}$$

そして2つ目ですが、ある関数$f(x)$と$g(x)$があり、ある定数aがあったとすると、このような微分が成り立ちます。これらの性質は、特に**線形性**と呼ばれます。

$$\frac{d}{dx}(f(x)+g(x)) = \frac{d}{dx}f(x) + \frac{d}{dx}g(x)$$

$$\frac{d}{dx}(af(x)) = a\frac{d}{dx}f(x) \tag{A.2.6}$$

さらに3つ目として、xに関係のない定数aの微分は0になります。

$$\frac{d}{dx}a = 0 \tag{A.2.7}$$

※これらの性質はhを使った微分の定義から実際に導出することができます。本書では省略しますが、もし興味があれば、調べてみてたり、自分で式を変形して導出に挑戦してみてください。

これらの性質を組み合わせることで、多項式であれば簡単に微分することができます。いくつか例題を見てみましょう。

$$\frac{d}{dx}5 = 0 \quad \text{…… A.2.7 を利用}$$

$$\frac{d}{dx}x = \frac{d}{dx}x^1 = 1 \cdot x^0 = 1 \quad \text{……A.2.5 を利用}$$

$$\frac{d}{dx}x^3 = 3x^2 \quad \text{……A.2.5 を利用}$$

$$\frac{d}{dx}x^{-2} = -2x^{-3} \quad \text{……A.2.5 を利用}$$

$$\frac{d}{dx}10x^4 = 10\frac{d}{dx}x^4 = 10 \cdot 4x^3 = 40x^3 \quad \text{……A.2.6 と A.2.5 を利用}$$

$$\frac{d}{dx}(x^5 + x^6) = \frac{d}{dx}x^5 + \frac{d}{dx}x^6 = 5x^4 + 6x^5 \quad \text{……A.2.6 と A.2.5 を利用}$$

(A.2.8)

また、総和記号のついた式の微分については本書でも何度も登場しますが、その際は以下のように総和記号と微分演算子を入れ替えることができます。

$$\frac{d}{dx}\sum_{i=0}^{n} x^n = \sum_{i=0}^{n} \frac{d}{dx} x^n \tag{A.2.9}$$

つまり、全体を足し上げてから微分することと、微分した結果を足し上げることは同じことです。これは式A.2.6の1つ目の性質を利用すると自然と導かれる結果ですので、興味があれば少し立ち止まって考えてみてください。
本書での微分はほぼ式A.2.8及び式A.2.9の性質を利用したものですので、これさえ覚えておけば十分です。

Section 3

偏微分

ここまで見てきた関数$f(x)$は、変数がxしかない1変数関数でした。しかし、世の中にはこのように変数が2つ以上ある多変数関数も存在します。

$$g(x_1, x_2, \cdots, x_n) = x_1 + x_2^2 \cdots + x_n^n \tag{A.3.1}$$

機械学習の最適化問題はパラメータの数だけ変数がありますので、目的関数がまさにこのような**多変数関数**になります。微分を使って傾きの方向にパラメータを少しずつ動かすというアイデアを説明しましたが（2章のP.037）、パラメータが複数ある場合はそれぞれのパラメータごとに傾きも違うし動かす方向も違ってきます。
そのため多変数関数を微分する時は、微分する変数にだけ注目し、他の変数はすべて定数として扱うことにして微分するのですが、このような微分方法を**偏微分**と言います。

もう少し具体的にイメージを掴んでみましょう。変数が3つ以上あるとグラフとして描画するのは難しいので、ここでは変数が2つの関数を考えます。

$$h(x_1, x_2) = x_1^2 + x_2^3 \tag{A.3.2}$$

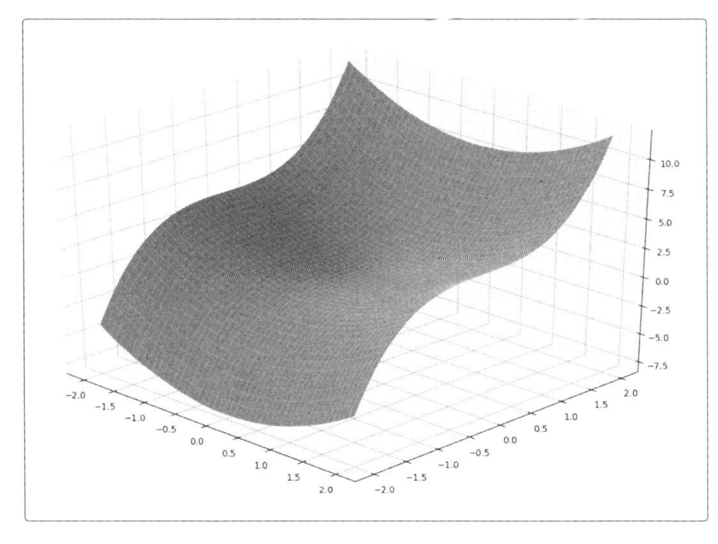

図A-3

変数が2つありますので、3次元空間へのプロットになります。このグラフの左奥に向かって伸びている軸がx_1、右奥に向かって伸びている軸がx_2で、高さが$h(x_1, x_2)$の値となります。さて、この関数hをx_1で偏微分してみます。偏微分では、注目する変数以外をすべて定数として扱うという話をしましたが、これは言い換えると変数の値を固定してしまうということです。たとえば$x_2 = 1$に固定してみると、以下ようにhはx_1だけの関数になります。

$$h(x_1, x_2) = x_1^2 + 1^3 \tag{A.3.3}$$

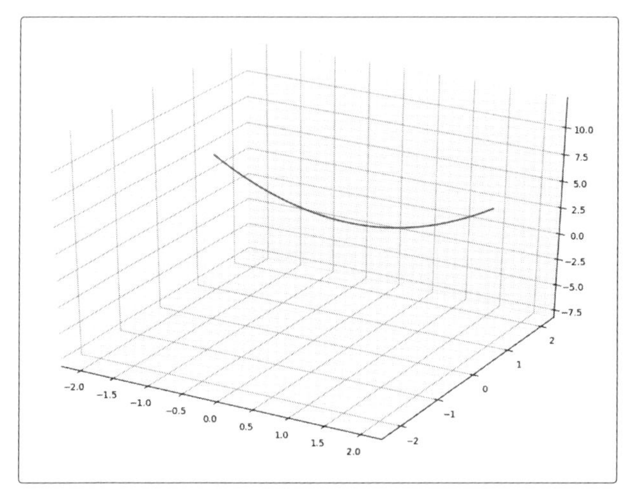

図A-4

相変わらず3次元空間にプロットされてはいますが、見た目は単純な2次関数になりました。定数を微分するとすべて0になりますので、hをx_1で偏微分すると結局は以下のような結果になります。

$$\frac{\partial}{\partial x_1} h(x_1, x_2) = 2x_1 \tag{A.3.4}$$

なお、偏微分の時は微分演算子のdが∂に変わりますが、意味は同じです。同じ要領で、今度はhをx_2で偏微分することを考えます。たとえば$x_1 = 1$に固定してみると、以下のようにhはx_2だけの関数になります。

$$h(x_1, x_2) = 1^2 + x_2^3 \tag{A.3.5}$$

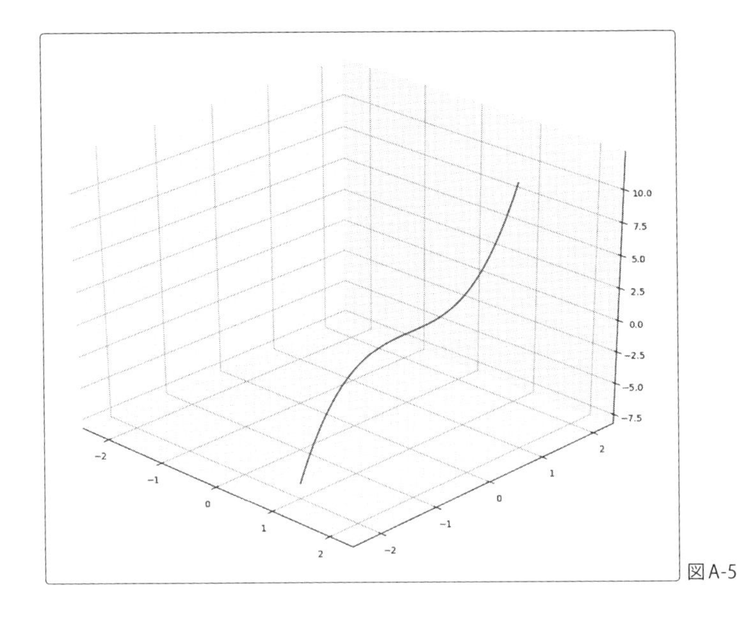

図A-5

今度は単純な3次関数になりました。x_1で偏微分した時と同じように、今度はhをx_2で偏微分すると以下のようになります。

$$\frac{\partial}{\partial x_2} h(x_1, x_2) = 3x_2^2 \tag{A.3.6}$$

このように、微分したい変数にのみ注目して、他の変数をすべて定数として扱うことで、その変数での関数の傾きを知ることができます。いまは可視化するために2の変数を持つ関数で説明をしましたが、変数がどれだけ増えたとしても同じ考え方が適用できます。

Section 4

合成関数

たとえば、次のような2つの関数$f(x)$と$g(x)$を考えてみます。

$$f(x) = 10 + x^2$$
$$g(x) = 3 + x \tag{A.4.1}$$

当然ですが、それぞれxに適当な値を代入すると、それに対応する値が出力されます。

$$f(1) = 10 + 1^2 = 11$$
$$f(2) = 10 + 2^2 = 14$$
$$f(3) = 10 + 3^2 = 19$$
$$g(1) = 3 + 1 = 4$$
$$g(2) = 3 + 2 = 5$$
$$g(3) = 3 + 3 = 6 \tag{A.4.2}$$

いまはそれぞれxに1,2,3を代入して計算しましたが、xに関数を代入しても問題ありません。つまり、以下のような式も考えることができます。

$$f(g(x)) = 10 + g(x)^2 = 10 + (3 + x)^2$$
$$g(f(x)) = 3 + f(x) = 3 + (10 + x^2) \tag{A.4.3}$$

$f(x)$の中に$g(x)$が、もしくは$g(x)$の中に$f(x)$が現れている形になっていますね。このように関数が複数個組み合わさったものを、**合成関数**と呼びます。本書では、このような合成関数の微分は何度も出てきますので、合成関数とその微分方法には慣れておくことをおすすめします。

たとえば合成関数$f(g(x))$をxで微分することを考えてみます。このまま考えると少しわかりにくいので、以下のように一旦変数に置き換えてみます。

$$y = f(u)$$

$$u = g(x) \tag{A.4.4}$$

こうすると、以下のように段階的に微分することができます。

$$\frac{dy}{dx} = \frac{dy}{du} \cdot \frac{du}{dx} \tag{A.4.5}$$

つまりyをuで微分し、uをxで微分したものを掛けるだけです。実際に微分してみましょう。

$$\begin{aligned} \frac{dy}{du} &= \frac{d}{du}f(u) \\ &= \frac{d}{du}(10 + u^2) = 2u \\ \frac{du}{dx} &= \frac{d}{dx}g(x) \\ &= \frac{d}{dx}(3 + x) = 1 \end{aligned} \tag{A.4.6}$$

それぞれの結果がでましたので、あとは掛けるだけです。uを$g(x)$に戻してあげると最終的に欲しかった微分結果を得ることができます。

$$\begin{aligned} \frac{dy}{dx} &= \frac{dy}{du} \cdot \frac{du}{dx} \\ &= 2u \cdot 1 \\ &= 2g(x) \\ &= 2(3 + x) \end{aligned} \tag{A.4.7}$$

機械学習では複雑な関数を微分しなければならないことが多く、そのような関数を微分する際には、その関数が複数の単純な関数による合成関数になっているとみなして微分することで、比較的簡単に微分することができます。どのように単純な関数に分割するかは慣れが必要な部分でもありますが、合成関数の微分はテクニックの1つとして覚えておいて損はありません。

Section 5

ベクトルと行列

ベクトルと行列は、機械学習での数値計算を効率的に処理するために必要なものです。文系に進むと、ベクトルはまだしも行列に触れる機会が無いことも多いでしょうし、ここではベクトルと行列の基礎についていくつか紹介していきたいと思います。

まず**ベクトル**とは数を縦にならべたもの、**行列**とは数を縦と横にならべたもので、それぞれこのような形をしたもののことを言います。

$$\boldsymbol{a} = \begin{bmatrix} 3 \\ 9 \\ -1 \end{bmatrix}, \ \boldsymbol{A} = \begin{bmatrix} 6 & 3 \\ 11 & 9 \\ 8 & 10 \end{bmatrix} \tag{A.5.1}$$

慣習的にベクトルは**小文字**、行列は**大文字**のアルファベットを用い、それぞれ太字で表すことが多いため、本書でもそれに倣うようにしています。また、一般的にベクトルや行列の要素は添字をつけて表すことも多く、本書でもいくつかこのような表記が出てきます。

$$\boldsymbol{a} = \begin{bmatrix} a_1 \\ a_2 \\ a_3 \end{bmatrix}, \ \boldsymbol{A} = \begin{bmatrix} a_{11} & a_{12} \\ a_{21} & a_{22} \\ a_{31} & a_{32} \end{bmatrix} \tag{A.5.2}$$

ここで、ベクトル$\boldsymbol{a}$は縦に3つの数が並んでおり、これは3次元ベクトルになります。行列$\boldsymbol{A}$は縦に3つ、横に2つの数が並んでおり、これは3×2（3行2列と言うこともあります）のサイズの行列になります。ベクトルを、列が1つしかない行列と考えると、$\boldsymbol{a}$は3×1の行列とみなすことができます。以降このコラム内では、ベクトルは$n \times 1$の行列と同一視して説明していきます。

行列は、それぞれ和、差、積の演算を定義することができます。たとえば以下のような行列$\boldsymbol{A}, \boldsymbol{B}$があったとして、それぞれ和、差、積を計算してみましょう。

$$\boldsymbol{A} = \begin{bmatrix} 6 & 3 \\ 8 & 10 \end{bmatrix}, \ \boldsymbol{B} = \begin{bmatrix} 2 & 1 \\ 5 & -3 \end{bmatrix} \tag{A.5.3}$$

和と差については単純に各要素ごとに足し算及び引き算をするだけなので難しくありません。

$$\boldsymbol{A}+\boldsymbol{B}=\begin{bmatrix} 6+2 & 3+1 \\ 8+5 & 10-3 \end{bmatrix}=\begin{bmatrix} 8 & 4 \\ 13 & 7 \end{bmatrix}$$

$$\boldsymbol{A}-\boldsymbol{B}=\begin{bmatrix} 6-2 & 3-1 \\ 8-5 & 10+3 \end{bmatrix}=\begin{bmatrix} 4 & 2 \\ 3 & 13 \end{bmatrix} \tag{A.5.4}$$

積については少し特殊なためより詳しく解説しておきたいと思います。行列の積は、左側の行列の**行**と、右側の行列の**列**の要素を順番に掛けてから、それらを足し合わせます。言葉での説明はわかりにくいので、実際に計算をしてみましょう。行列の掛け算は以下のようにして計算していきます。

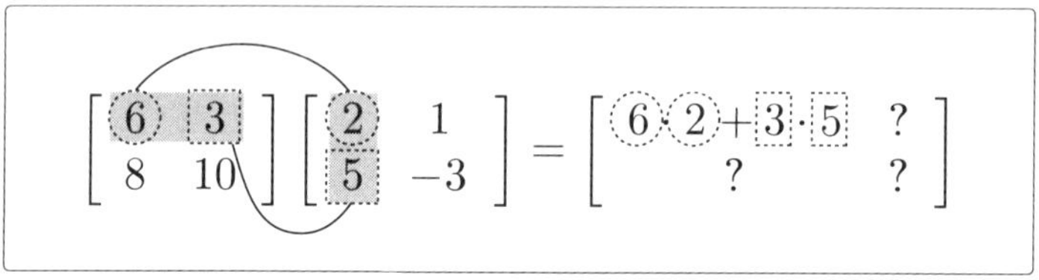

$$\begin{bmatrix} 6 & 3 \\ 8 & 10 \end{bmatrix}\begin{bmatrix} 2 & 1 \\ 5 & -3 \end{bmatrix}=\begin{bmatrix} 6\cdot 2+3\cdot 5 & ? \\ ? & ? \end{bmatrix}$$

図 A-6

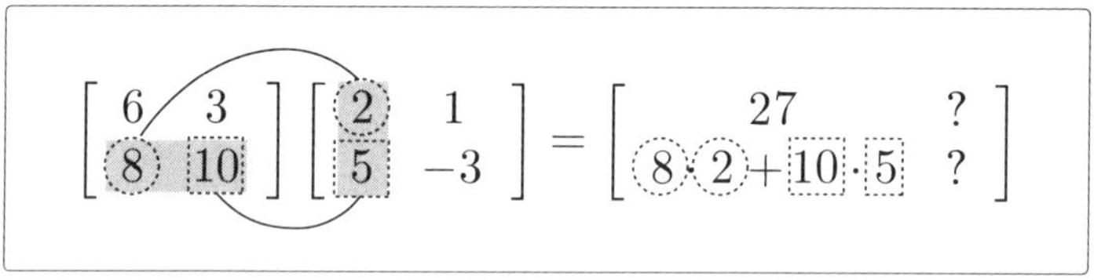

$$\begin{bmatrix} 6 & 3 \\ 8 & 10 \end{bmatrix}\begin{bmatrix} 2 & 1 \\ 5 & -3 \end{bmatrix}=\begin{bmatrix} 27 & ? \\ 8\cdot 2+10\cdot 5 & ? \end{bmatrix}$$

図 A-7

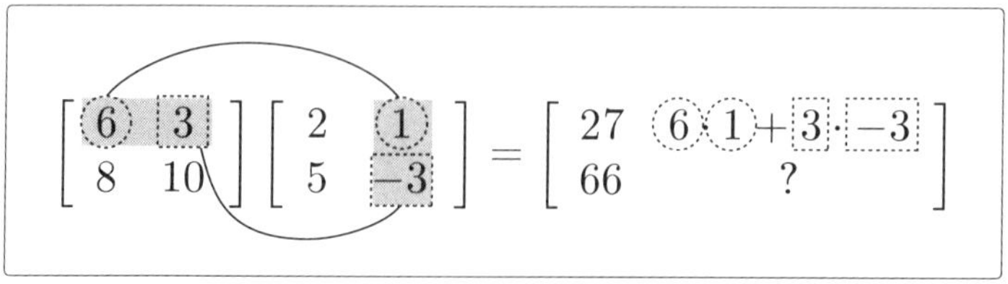

$$\begin{bmatrix} 6 & 3 \\ 8 & 10 \end{bmatrix}\begin{bmatrix} 2 & 1 \\ 5 & -3 \end{bmatrix}=\begin{bmatrix} 27 & 6\cdot 1+3\cdot -3 \\ 66 & ? \end{bmatrix}$$

図 A-8

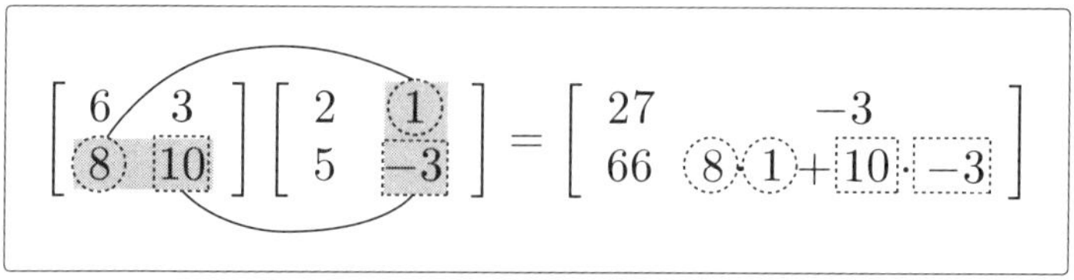

$$\begin{bmatrix} 6 & 3 \\ 8 & 10 \end{bmatrix}\begin{bmatrix} 2 & 1 \\ 5 & -3 \end{bmatrix}=\begin{bmatrix} 27 & -3 \\ 66 & 8\cdot 1+10\cdot -3 \end{bmatrix}$$

図 A-9

最終的に$\boldsymbol{A}$と$\boldsymbol{B}$の積は以下のようになります。

$$\boldsymbol{AB} = \begin{bmatrix} 27 & -3 \\ 66 & -22 \end{bmatrix} \tag{A.5.5}$$

行列は**掛ける順番**が大事で、一般的に$\boldsymbol{AB}$と$\boldsymbol{BA}$の結果は違います（たまたま同じ結果になることはあります）。また、**行列のサイズ**も重要で、行列同士の掛け算を計算する場合は、左側にある行列の列数と、右側にある行列の行数が一致していなければなりません。$\boldsymbol{A}$と$\boldsymbol{B}$はどちらも2×2の行列でしたので、その条件は満たしています。サイズが一致していない行列同士の積の演算は定義されませんので、たとえば以下のような2×2と3×1の行列の掛け算はできません。

$$\begin{bmatrix} 6 & 3 \\ 8 & 10 \end{bmatrix} \begin{bmatrix} 2 \\ 5 \\ 2 \end{bmatrix} \tag{A.5.6}$$

最後に**転置**という操作を紹介して終わりにします。転置とは、以下のように行と列を入れ替える操作で、本書では文字の右上にTという記号をつけて転置を表します。

$$\boldsymbol{a} = \begin{bmatrix} 2 \\ 5 \\ 2 \end{bmatrix}, \boldsymbol{a}^{\mathrm{T}} = \begin{bmatrix} 2 & 5 & 2 \end{bmatrix}$$

$$\boldsymbol{A} = \begin{bmatrix} 2 & 1 \\ 5 & 3 \\ 2 & 8 \end{bmatrix}, \boldsymbol{A}^{\mathrm{T}} = \begin{bmatrix} 2 & 5 & 2 \\ 1 & 3 & 8 \end{bmatrix} \tag{A.5.7}$$

たとえば、ベクトル同士を掛ける場合、以下のように片方を転置してから積を計算することは多々あります。これはベクトル同士の内積を取ることと同じです。

$$
\boldsymbol{a} = \begin{bmatrix} 2 \\ 5 \\ 2 \end{bmatrix}, \boldsymbol{b} = \begin{bmatrix} 1 \\ 2 \\ 3 \end{bmatrix}
$$

$$
\begin{aligned}
\boldsymbol{a}^{\mathrm{T}}\boldsymbol{b} &= \begin{bmatrix} 2 & 5 & 2 \end{bmatrix} \begin{bmatrix} 1 \\ 2 \\ 3 \end{bmatrix} \\
&= \begin{bmatrix} 2 \cdot 1 + 5 \cdot 2 + 2 \cdot 3 \end{bmatrix} \\
&= \begin{bmatrix} 18 \end{bmatrix}
\end{aligned} \tag{A.5.8}
$$

このような例は数多く出てきますので、ぜひとも行列の積と転置には慣れておきましょう。

Section 6

幾何ベクトル

回帰の章（2章）にもベクトルが出てきましたが、分類の章（3章）でもベクトルが出てきます。分類で登場するベクトルは幾何的な側面が強く、ベクトル同士の足し算や引き算、内積、法線などが出てきますので、ベクトルの基礎を忘れた方はここで少し幾何的なイメージを復習しましょう。分類の章では主に2次元のベクトルを扱いますので、ここでも2次元空間に絞って解説します。

ベクトルは大きさと向きを持っています。高校では、以下のように矢印を書いて2次元のベクトルを表していたと思います。

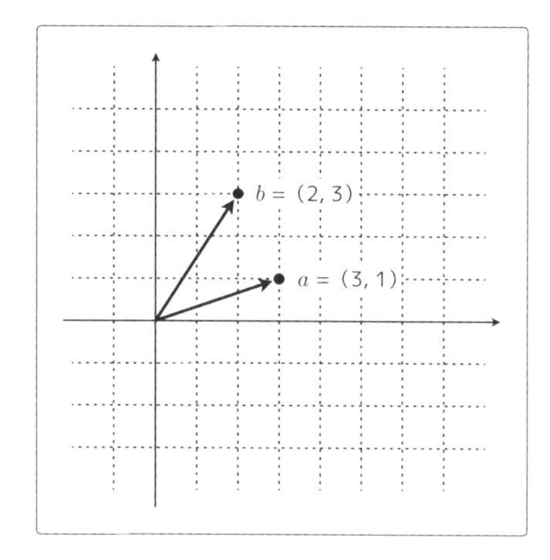

図A-10

また、ベクトルはこのように縦に並べて書くこともあり、このようなベクトルを特に列ベクトルと呼びます。これは回帰の章でも出てきました。

$$\boldsymbol{a} = \begin{bmatrix} 3 \\ 1 \end{bmatrix}, \boldsymbol{b} = \begin{bmatrix} 2 \\ 3 \end{bmatrix} \tag{A.6.1}$$

ベクトルの足し算と引き算について幾何的に表すと、ベクトルの足し算は矢印をつなげ、引き算はベクトルの向きを逆にして矢印をつなげることになります。

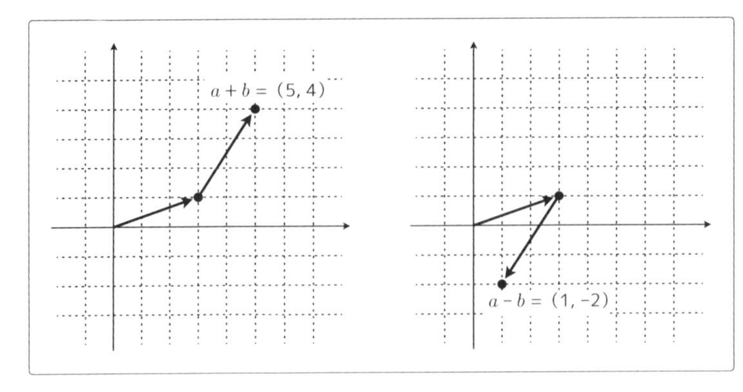

図A-11

これは、代数的にはベクトルの各要素ごとに足し算、引き算を行っているだけです。

$$
\boldsymbol{a}+\boldsymbol{b}=\begin{bmatrix}3\\1\end{bmatrix}+\begin{bmatrix}2\\3\end{bmatrix}=\begin{bmatrix}3+2\\1+3\end{bmatrix}=\begin{bmatrix}5\\4\end{bmatrix}
$$

$$
\boldsymbol{a}-\boldsymbol{b}=\begin{bmatrix}3\\1\end{bmatrix}-\begin{bmatrix}2\\3\end{bmatrix}=\begin{bmatrix}3-2\\1-3\end{bmatrix}=\begin{bmatrix}1\\-2\end{bmatrix} \tag{A.6.2}
$$

さて、ベクトル同士の和と差があるのなら、ベクトル同士の積はどうでしょうか。実はベクトル同士の積を考えることはできるのですが、和と差のように単純な要素同士の掛け算にはならず、内積という定義があります。内積とは、ベクトル間に定義される積演算の1つで、2次元のベクトルについては以下のような式で計算できます。

$$
\boldsymbol{a}\cdot\boldsymbol{b}=a_1b_1+a_2b_2 \tag{A.6.3}
$$

Section5の式A.5.8で、ベクトルを転置して積を計算するとそれは内積を取ることと同じだと紹介しましたが、それと同様の式になっていることがわかります。具体的に$\boldsymbol{a}$と$\boldsymbol{b}$の内積を計算してみましょう。

$$
\boldsymbol{a}\cdot\boldsymbol{b}=3\cdot2+1\cdot3=9 \tag{A.6.4}
$$

9という値が出てきましたが、このようにベクトルの内積を取ると、その結果はもはやベクトルではなくただの数（大きさ）になります。このようなただの数のことを、難しい言葉では**スカラー**と言うこともありますので、内積は**スカラー積**と呼ばれることもありますし、内積の演算の記号は掛け算の記号×ではなく点・なので、ドット積と呼ばれることもあります。
また、ベクトル$\boldsymbol{a}$と$\boldsymbol{b}$の成す角をθとすると、内積は以下のように表すこともできます。

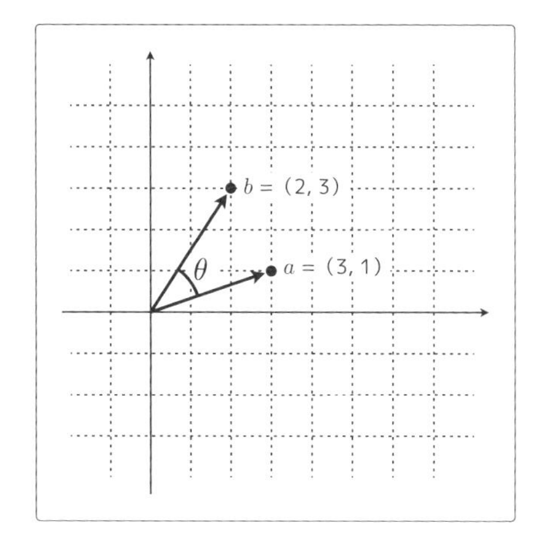

図A-12

$$\boldsymbol{a} \cdot \boldsymbol{b} = |\boldsymbol{a}| \cdot |\boldsymbol{b}| \cdot \cos\theta \tag{A.6.5}$$

ここで出てきた$|\boldsymbol{a}|$という表記はベクトルの長さです。たとえば$\boldsymbol{a} = (a_1, a_2)$というベクトルの長さは以下のように定義されます。

$$|\boldsymbol{a}| = \sqrt{a_1^2 + a_2^2} \tag{A.6.6}$$

ベクトルの要素をそれぞれ2乗して足したものですので、必ず0以上の数になります。これは重要な点ですので、ぜひとも覚えておきましょう。
また、$\cos$は三角関数の1つです。コサインや余弦関数などと呼ばれることもありますね。ここでは三角関数の詳しい解説は省略しますが、$\cos$のグラフの形を思い出しておくとベクトルの内積の図形的解釈がスムーズにできると思いますので、それだけイメージできるようになっておきましょう。本文中にも登場しますが、横軸をθ、縦軸を$\cos\theta$とすると、コサインのグラフはこんな風になります。

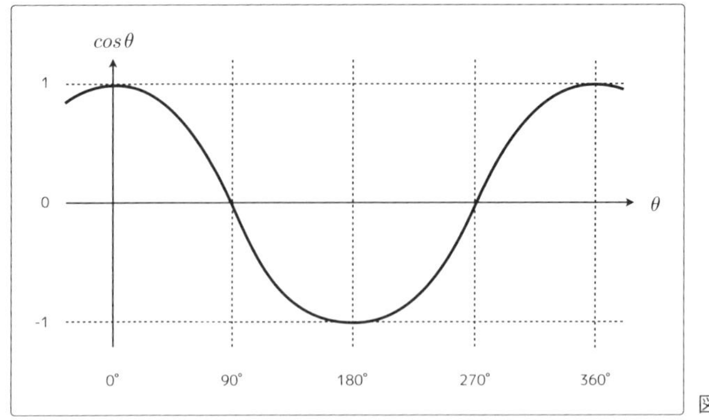

図A-13

非常になめらかなグラフで、$\theta = 90°, 270°$の時に$\cos\theta = 0$になり、その点を境に$\cos\theta$の符号が切り替わるという特徴を持っています。この特徴はベクトルを幾何的に解釈する際にはよく使われますので、覚えておきましょう。

そして最後に、データを分類する直線をみつけるパーセプトロンを利用する際に登場した法線ベクトルについて紹介して終わりたいと思います。法線ベクトルとは、ある直線に垂直なベクトルのことです。

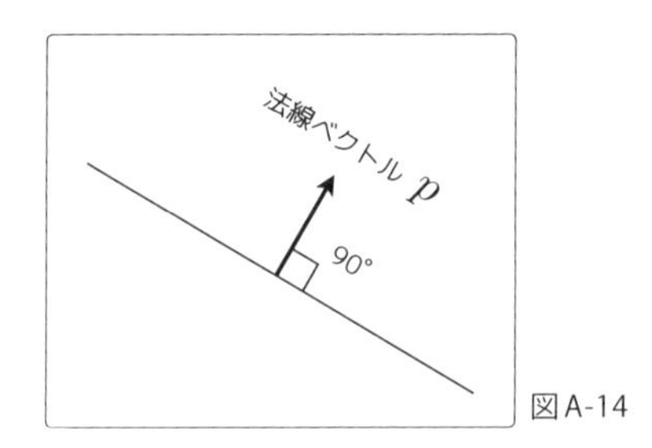

図A-14

図中の直線の方程式を$ax + by + c = 0$とすると、その時の法線ベクトル$\boldsymbol{p}$は、$\boldsymbol{p} = (a, b)$となります。

Section 7 指数・対数

同時確率や尤度の計算をする際に**対数を取る**という操作をすることはよくあります。この**対数**とは一体なんでしょうか。ここでは対数について簡単に紹介していきたいと思います。

まず、対数のことを考える前に**指数**について考えてみます。指数については知っている人も多いかとは思いますが、数の右上にくっついてその数を何乗するかを表すもので、たとえばこのようなものです。

$$x^3 = x \cdot x \cdot x$$
$$x^{-4} = \frac{1}{x^4} = \frac{1}{x \cdot x \cdot x \cdot x} \tag{A.7.1}$$

指数は以下のような性質をもっており、これらは**指数法則**という名前で呼ばれています。

$$a^b \cdot a^c = a^{b+c}$$
$$\frac{a^b}{a^c} = a^{b-c}$$
$$(a^b)^c = a^{bc} \tag{A.7.2}$$

普段よく目にするのは、このように右上の指数部が普通の数になっているものですが、指数部が変数になっているようなものは**指数関数**と呼ばれ、このような関数の形をしています（$a > 1$の場合）。

$$y = a^x \tag{A.7.3}$$

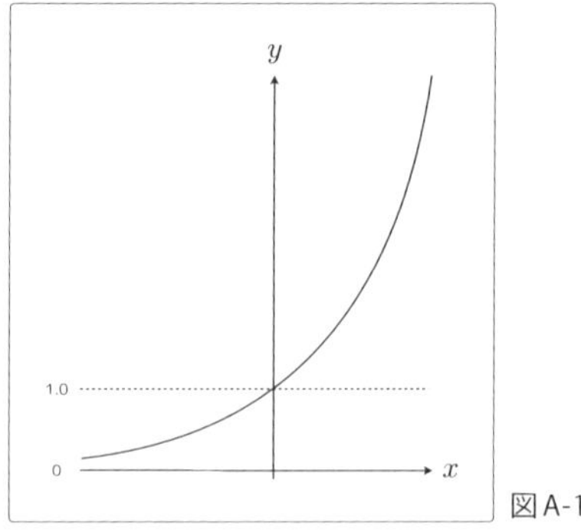

図A-15

このような指数関数の逆関数として**対数関数**というものがあり、それを$\log$を使ってこのように表します。

$$y = \log_a x \tag{A.7.4}$$

逆関数とは、ある関数のxとyを入れ替えた関数のことです。逆関数のグラフの形は、元の関数のグラフを時計回りに90度回転させて、左右方向に反転させた形になっており、その横軸をx、縦軸をyとすると、実際には対数関数はこのような形をしています（$a > 1$の場合）。

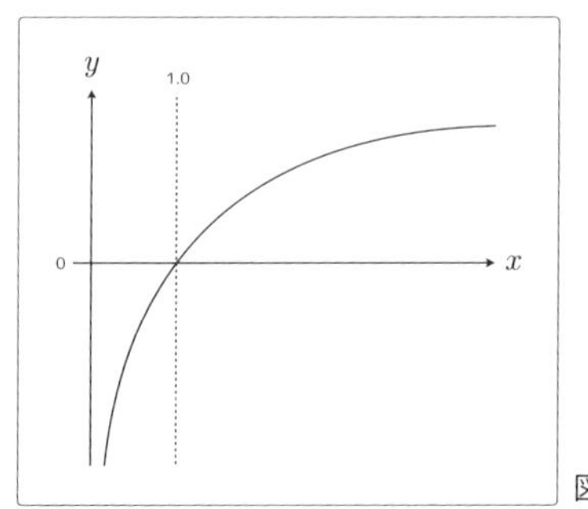

図A-16

少しわかりにくいですがこれはaをy乗するとxになる、と考えることができて、まさに先程の$y = a^x$のxとyを入れ替えたものになっています。式A.7.4のaの部分を**底**と呼びますが、特にネイピア数（eという記号で表される$2.7182\cdots$という定数）を底としたものを**自然対数**と言い、自然対数の場合は底を省略して単純に$\log$、または$\ln$を使って以下のように表すことが多くあります。

$$y = \log_e x = \log x = \ln x \tag{A.7.5}$$

この対数関数は以下のような性質を持っており、これらはよく使われるので覚えておくと良いでしょう。

$$\begin{aligned}
&\log e = 1 \\
&\log ab = \log a + \log b \\
&\log \frac{a}{b} = \log a - \log b \\
&\log a^b = b \log a
\end{aligned} \tag{A.7.6}$$

※対数関数の性質は、指数法則を使って実際に導出することができます。本書では省略しますが、もし興味があれば、調べてみてたり、自分で式を変形して導出に挑戦してみてください。

また、対数関数の微分もよく出てくるのでここで紹介しておきます。底をaとする対数関数の微分は以下のようになります。

$$\frac{d}{dx} \log_a x = \frac{1}{x \log a} \tag{A.7.7}$$

特に底がeの自然対数については、$\log e = 1$という性質から、微分結果も以下のように簡潔になるので、まずはこれを覚えておくことをおすすめします。

$$\frac{d}{dx} \log_e x = \frac{1}{x} \tag{A.7.8}$$

※対数の微分についても微分の定義を使うことで導出することができます。対数の性質と同様に本書では導入を省略しますが、興味がある読者の方は導出に挑戦してみてください。

Section 8 Python環境構築

Pythonは数あるプログラミング言語のうちの1つで、世界中の誰もが無料で自由に利用できるオープンソースソフトウェアです。シンプルな構文を持ち、ソースコードをコンパイルすることなくすぐに実行することができるため、その手軽さからプログラミング初心者が学ぶ言語としても人気があります。

またPythonは、データサイエンスや機械学習に関連する**ライブラリ**が特に充実しており、それらの分野で利用するのに最適な言語で、初心者だけではなくその道のプロからもよく利用されています。

本書でも、学んだ理論を実際に実装するためのプログラミング言語としてPythonを採用しています。ここでは、Pythonをインストールして使えるようになるまでの手順を説明します。

本書では**Python3系**のバージョンを利用します。2017年8月の時点では3.6.2が最新のバージョンです。PythonはmacOSやLinuxディストリビューションに最初からインストールされていることも多いですが、そのバージョンはほとんどの場合2系ですので、それらは使わずに新たにバージョン3系をインストールしておく方が良いでしょう。

また、OSとしてWindowsを使っている人は、デフォルトでPythonは入っていないでしょうし、別途インストールする必要があります。もちろん、既にPython3系の環境が手元にある方はこのステップはスキップしてもらってかまいません。

Section 8 Step 1 Pythonのインストール

データサイエンスや機械学習の分野でPythonを始めたい人用に**Anaconda**ディストリビューションという便利なものがあります。Anacondaはデータサイエンスや機械学習向けの便利なライブラリを最初から同梱した状態でPythonをインストールすることができるもので、本書で掲載されているサンプルプログラムの内容であればインストール後すぐに開発に取り掛かることができます。

前述の通り、本書ではPython3系を利用しますので、Anacondaディストリビューションでも3系のものを選んでインストールしましょう。まずは以下のAnacondaディストリビューションのダウンロードサイトへアクセスします。

https://www.continuum.io/downloads

Windows/macOS/Linuxの各プラットフォームごとにインストーラが用意されています。WindowsおよびmacOS向けにはGUIが付属したグラフィカルインストーラになっていますので、画面の支持に従って簡単にインストールすることができますが、Linuxの場合はターミナルよりインストールコマンドを実行してのインストールになります。

詳細なインストール方法については、ダウンロードページにドキュメントページへのリンクが貼られています。基本的に画面の指示に従ってデフォルトの選択肢を選びながらインストールしていけば問題ないとは思いますが、もし途中でつまづいてインストールがうまくいかなかった場合はドキュメントページを参考にしてみてください。

POINT

インストール途中で、環境変数PATHにAnnacondaを追加するかのオプションが表示されますので、チェックを入れて追加してください。

Anacondaディストリビューションのインストールが完了したら、Pythonのインストール確認のためにターミナルまたはコマンドプロンプトから「python --version」と入力してみます。

■ターミナルまたはコマンドプロンプトから入力（サンプルコード：A-8-1）

```
$ python --version ········「$」は入力せず、その右側を入力してください
Python 3.6.1 :: Anaconda 4.4.0 (64-bit)
```

Pythonのバージョン3.6.1やAnacondaのバージョン4.4.0などの数字に関してはインストールしたバージョンによって変わりますが、このような表示がされればうまく動作しています。もし、インストールがうまくいったはずなのにこの表示がでなければ、一度ログアウトして再ログインしたり、ターミナルを再起動したり、コンピュータ自体を再起動するなど試してみてください。

Section 8 | Step 2

Pythonの実行

Pythonの実行方法は大きく分けて2種類あります。1つは対話式の**インタラクティブシェル**から実行する方法、もう1つは**.pyファイル**に書かれた内容を実行する方法です。本書では主に前者のインタラクティブシェルから実行するやり方で話が進んでいきます。

インタラクティブシェルとは対話的シェルや対話モードとも呼ばれ、プログラマとPythonの両者が対話をするようにプログラミングをしていくことができる機能で、ターミナルまたはコマンドプロンプトから「python」と入力することで起動します。

■ターミナルまたはコマンドプロンプトから入力（サンプルコード：A-8-2）

```
$ python --------「$」は入力せず、その右側を入力してください
Python 3.6.1 |Anaconda 4.4.0 (64-bit)| (default, May 11 2017, 13:09:58)
[GCC 4.4.7 20120313 (Red Hat 4.4.7-1)] on linux
Type "help", "copyright", "credits" or "license" for more information.
>>> --------「>>>」が出たら、Pythonのプログラムを受け付ける状態になっています
```

インタラクティブシェルを実行中は、見て分かる通り先頭に「>>>」という記号が表示されています。私たちはその記号の後にPythonのプログラムを入力していくことになります。なお、インタラクティブシェルを終了するときには「quit()」と入力します。

本書に登場するPythonのソースコードのうち、先頭が>>>および ... で始まるものはインタラクティブシェルから実行されたものですので、ぜひご自身でインタラクティブシェルを起動してソースコードを実行しながら結果を確認してみてください。

また、本書ではインタラクティブシェルから順次実行したソースコードから必要な箇所だけ取り出してまとめたサンプルプログラムを公開しております。それらのプログラムをダウンロードしてPythonで実行して確認することもできますので、その際は以下のようにpythonコマンドの後にPythonのファイル名を指定してプログラムを実行してください。なお、実行前に.pyファイルがあるパスまで移動することを忘れないようにしてください。

■ターミナルまたはコマンドプロンプトから入力（サンプルコード：A-8-3）

```
$ cd /path/to/downloads --------.pyファイルのあるパスを指定して移動します
$ python regression1_linear.py --------「regression1_linear.py」を実行します
```

Section 9 Pythonの基本

ここではPythonの未経験者向けに、Pythonのプログラムの基本的な構文を解説していきます。ただし、本書はPythonの入門書ではありませんので、基本的には第5章で実装されているPythonのプログラムが理解できるようになることに的を絞って最低限のものだけ取り上げていきます。したがって、ここに紹介しているものがすべてではありませんので、さらに深く理解したい場合は別途Webで調べたりPythonの入門書などを読むことをおすすめします。

それでは、一緒に手を動かしながら覚えていきましょう。まずは、ターミナルまたはコマンドプロンプトから「python」と打ち込んで（Section8参照）インタラクティブシェルを起動してみてください。

Section 9 Step 1 数値と文字列

Python では整数及び浮動小数点を扱うことができ、それぞれに対して+、−、*、/という演算子を使うことで四則演算を行うことができます。また、%で余りを、**で累乗を求めることもできます。

■以下すべてPythonインタラクティブシェルで実行（サンプルコード：A-9-1）

```
>>> 0.5 --------「>>>」は入力せず、その右側を入力してください。以下同。
0.5
>>> 1 + 2
3
>>> 3 - 4
-1
>>> 5 * 6
30
>>> 7 / 8
0.875
>>> 10 % 9
1
>>> 3 ** 3
27
```

Pythonは**指数表記**もサポートしており、以下のように書くことができます。

■サンプルコード：A-9-2

```
>>> # 以下は"1.0 * 10の-3乗"と同じ意味。#から始まる行はコメントです。
>>> 1e-3
0.001
>>>
>>> # 以下は"1.0 * 10の3乗"と同じ意味。
>>> 1e3
1000.0
```

ここで#という記号がでてきていますが、Pythonでは#以降を**コメント**とみなしてくれます。コメントはPythonから無視されますので、プログラムに影響をあたえずにプログラムのわかりにくい部分の意図や背景などを説明する際に使われます。本書のサンプルプログラムでは各所にコメントを入れておりますが、インタラクティブシェル上のコメントについては特に入力する必要はありません。
また、Pythonでは文字を**シングルクォーテーション**および**ダブルクォーテーション**で囲って文字列を表します。文字列の結合及び繰り返しには+、*の演算子を使うことができます。

■サンプルコード：A-9-3

```
>>> 'python'
'python'
>>> "python"
'python'
>>> 'python' + '入門'
'python入門'
>>> 'python' * 3
'pythonpythonpython'
```

Section 9 Step 2 変数

数値や文字列を使う際に、それらに名前を付けて後から参照できるようにすることができます。そのようなものを**変数**と言い、以下のようにして数値や文字列を変数に代入して使います。変数同士の演算の結果をまた変数に代入して結果を保持しておくこともできますので、適宜利用していきましょう。

■サンプルコード：A-9-4

```
>>> # 数を変数に代入して、その和を求める
>>> a = 1
>>> b = 2
>>> a + b
3
>>> # aとbの和をさらに変数cに代入する
>>> c = a + b
>>>
>>> # 変数を利用して文字列の繰り返しをする
>>> d = 'python'
>>> d * c
'pythonpythonpython'
```

また、変数に対する四則演算に関しては以下のような省略記法が用意されています。プログラムの見た目がシンプルになり、よく利用されますので一緒に覚えておきましょう。

■サンプルコード：A-9-5

```
>>> a = 1
>>>
>>> # a = a + 2 と同じ意味
>>> a += 2
>>>
>>> # a = a - 1 と同じ意味
>>> a -= 1
>>>
>>> # a = a * 3 と同じ意味
>>> a *= 3
>>>
>>> # a = a / 3 と同じ意味
>>> a /= 3
```

Section 9 Step 3 真偽値と比較演算子

Pythonには**真偽値**を表すTrueおよびFalseという値があります。

Trueが真、Falseが偽を表しており、ブーリアンと呼ばれることもあるこの値ですが、後に紹介される制御構文でも利用されることになりますのでぜひ覚えておきましょう。

■サンプルコード：A-9-6

```
>>> # 1と1は等しいか?
>>> 1 == 1
True
>>>
>>> # 1と2は等しいか?
>>> 1 == 2
False
```

このように、ある値とある値を比較して、それが正しいのか間違っているのかが真偽値で表されます。ここで例として出てきた==という記号は、この記号の左側と右側の値が等しいかどうかを調べるもので、比較演算子と呼ばれます。Pythonの比較演算子には==、!=、>、>=、<、<=があり、それぞれ以下のような意味をもっていますので、コメントを読みながら確認してみてください。

■サンプルコード：A-9-7

```
>>> # python2とpython3は等しくないか?
>>> 'python2' != 'python3'
True
>>>
>>> # 2は3より大きいか?
>>> 2 > 3
False
>>>
>>> # 2は1以上か?
>>> 2 >= 1
True
>>>
>>> # 変数同士を比較することもできます
>>> a = 1
```

```
>>> b = 2
>>> # aはbより小さいか？
>>> a < b
True
>>>
>>> # bは2以下か？
>>> b <= 2
True
```

さらに、真偽値にはandおよびorという演算子を適用することができます。

andは2つの真偽値の両方がTrueの場合のみ、結果もTrueになります。

orは2つの真偽値のどちらかがTrueであれば、結果もTrueになります。実際にどのような動きをするのか確認してみましょう。

■サンプルコード：A-9-8

```
>>> a = 5
>>>
>>> # aは1より大きく、かつaは10より小さい
>>> 1 < a and a < 10
True
>>>
>>> # aは3より大きい、またはaは1より小さい
>>> 3 < a or a < 1
True
```

Section 9 Step 4 リスト

Pythonは、1つの値だけではなくまとめて複数の値を取り扱うことができる**リスト**というデータ構造を持っています。他言語では配列と呼ばれることもありますが、同じようなものです。リストはこのあとの制御構文でも使われることになりますので、ここではPythonでの基本的なリストの操作に慣れておきましょう。

■サンプルコード：A-9-9

```
>>> # リストを作る
>>> a = [1, 2, 3, 4, 5, 6]
>>>
>>> # リストの要素にアクセスする
>>> # (インデックスは0から始まることに注意)
>>> a[0]
1
>>> a[1]
2
>>>
>>> # インデックスにマイナスを付けると後ろから要素をたどる
>>> a[-1]
6
>>> a[-2]
5
>>>
>>> # スライスと呼ばれる":"を使った便利な記法もあります
>>> # 指定された範囲の値を取得
>>> a[1:3]
[2, 3]
>>>
>>> # 2つ目の値から最後の値までを取得
>>> a[2:]
[3, 4, 5, 6]
>>>
>>> # 最初から3つ目の値までを取得
>>> a[:3]
[1, 2, 3]
```

制御構文

Pythonのプログラムは基本的には記述された順に上から実行されていきますが、ここで紹介する**制御構文**を利用することによって、条件分岐や繰り返しをすることができます。

制御構文を利用する際は、ブロックというまとまりでプログラムを記述していきます。他のプログラミング言語ではブロックの開始と終了を{ ... }やbegin ... endと表すものが多いですが、Pythonの場合は**インデント**がブロックを表現します。インデントはタブ及び半角スペースで表現することができますが、タブはできるだけ避けて半角スペース4つのインデントを使うことをおすすめします。Pythonは他言語と比べてインデントが重要で、インデントがずれているとエラーになりますので気をつけましょう。

まず、条件分岐に関してはif文を利用します。ifに続く式の真偽値がTrueであれば、その下にあるコードブロックが実行されることになります。真偽値がFalseであれば、次のelifの真偽値の結果を見ます。そして、そこもFalseであれば最終的にelseのブロックが実行されます。実際に確認してみましょう。

■サンプルコード：A-9-10

```
>>> a = 10
>>>
>>> # 変数の中身が3または5で割り切れるかどうかを調べてメッセージを出し分ける
>>> if a % 3 == 0:
...     print('3で割り切れる数です')
... elif a % 5 == 0:
...     print('5で割り切れる数です')
... else:
...     print('3でも5でも割り切れない数です')
... -------- ここで［Enter］キーを押します
5で割り切れる数です
```

次に、繰り返し処理に関してはfor文を利用します。forにリストを渡すことで、そのリストの中身を1つずつ取り出して繰り返し処理させることができます。実際に確認してみましょう。

■サンプルコード：A-9-11

```
>>> a = [1, 2, 3, 4, 5, 6]
>>>
```

```
>>> # リストの中身を1つずつiという変数に取り出して値を出力する
>>> for i in a:
...     print(i)
... -------- ここで［Enter］キーを押します
1
2
3
4
5
6
```

また、もうひとつの繰り返し処理の構文としてwhile文があります。whileに続く式の真偽値がTrueの間はずっと繰り返し処理をします。

■サンプルコード：A-9-12

```
>>> a = 1
>>>
>>> # aが5以下の間、繰り返し処理をする
>>> while a <= 5:
...     print(a)
...     a += 1
... -------- ここで［Enter］キーを押します
1
2
3
4
5
```

Section 9 Step 6 関数

最後に**関数**の説明をします。Pythonでは処理のまとまりを関数として定義することができ、後で好きな時に呼び出すことができます。関数の定義はdefを使って、その下にあるコードブロックが関数の中身として定義されます。制御構文と同じようにインデントがコードブロックを表現しますので、インデントのずれには気をつけてください。

■サンプルコード：A-9-13

```
>>> def hello_python():
...     print('Hello Python')
... -------- ここで [Enter] キーを押します
>>> hello_python()
Hello Python
>>>
>>> # 関数は引数を受け取って、値を返すこともできます
>>> def sum(a, b):
...     return a + b
... -------- ここで [Enter] キーを押します
>>> sum(1, 2)
3
```

Section 10 NumPyの基本

NumPyはデータサイエンス向けの便利なライブラリです。特にNumPyで扱える配列(ndarrayと呼ばれる配列)には非常に便利なメソッドが数多く用意されています。機械学習の実装ではベクトルや行列の計算が頻繁に出てきますが、NumPyの配列を使うことで、より効率的に処理をすることができます。

ここでは、第5章で実装されているソースコード中に出てくるNumPyの機能を中心に基本的な部分を解説していきます。NumPyは、ここでは紹介しきれないくらいたくさんの機能を持つライブラリですので、興味がある読者の方はぜひとも別途Webや書籍で調べてみてください。

NumPyはデフォルトではPythonに同梱されていないので、NumPyを利用するためにはまずはライブラリのインストールから始める必要があります。ただし、Section8で紹介しているAnacondaディストリビューションを利用してPythonをインストールしたのであれば、最初からNumPyが同梱されているはずですので、特にインストール作業は必要ありません。

もし、Anacondaディストリビューションを使わずに別の方法でPythonをインストールしている場合は、基本的にはNumPyは同梱されていないため、パッケージマネージャーの`pip`を使ってNumPyをインストールしておきましょう。

■ターミナルまたはコマンドプロンプトから入力(サンプルコード:A-10-1)

```
$ pip install numpy
```

NumPyの準備ができたら、一緒に手を動かしながら覚えていきましょう。まずは、ターミナルまたはコマンドプロンプトから「`python`」と打ち込んでインタラクティブシェルを起動してみてください。

Section 10 Step 1 インポート

NumPyをPythonから使うためには、まずNumPyを読み込む必要があります。その際に利用されるのが`import`という構文で、以下のようにしてNumPyを読み込みます。

■以下すべてPythonインタラクティブシェルで実行（サンプルコード：A-10-2）

```
>>> import numpy as np
```

これはnumpyというライブラリをnpという名前で読み込むという意味で、npという名前を参照してNumPyの機能を利用していくことができます。以降は、すべてこの読み込み処理を実行している前提で話を進めていきます。

Section 10 Step 2 多次元配列

NumPyの基本は多次元配列を表すndarrayです。PythonにはP.242のコード中にも出てきた、":"を使った便利なスライス記法がありますが、NumPyの多次元配列についても要素アクセスに便利な記法がいくつかありますので、本書で使われる記法を中心に紹介していきたいと思います。

■サンプルコード：A-10-3

```
>>> # 3x3の多次元配列(行列)を作る
>>> a = np.array([[1, 2, 3], [4, 5, 6], [7, 8, 9]])
>>> a
array([[1, 2, 3],
       [4, 5, 6],
       [7, 8, 9]])
>>>
>>> # 1行目1列目の要素にアクセスする
>>> # (インデックスは0から始まることに注意)
>>> a[0,0]
1
>>>
>>> # 2行目2列目の要素にアクセスする
>>> a[1,1]
5
>>>
>>> # 1列目を取り出す
>>> a[:,0]
array([1, 4, 7])
>>>
```

```
>>> # 1行目を取り出す
>>> a[0,:]
array([1, 2, 3])
>>>
>>> # 2列目と3列目を取り出す
>>> a[:, 1:3]
array([[2, 3],
       [5, 6],
       [8, 9]])
>>>
>>> # 2行目と3行目を取り出す
>>> a[1:3, :]
array([[4, 5, 6],
       [7, 8, 9]])
>>>
>>> # 1行目を取り出して変数に代入
>>> b = a[0]
>>> b
array([1, 2, 3])
>>>
>>> # 配列を使って要素にアクセスすることもできます
>>> # 配列bの3番目と1番目の要素を順に取り出す
>>> c = [2, 0]
>>> b[c]
array([3, 1])
```

また、以下のようにして多次元配列の基本的なプロパティにアクセスすることができます。

■サンプルコード：A-10-4

```
>>> # 3x3の多次元配列(行列)を作る
>>> a = np.array([[1, 2, 3], [4, 5, 6], [7, 8, 9]])
>>>
>>> # aの次元。行列なので2次元
>>> a.ndim
2
>>>
>>> # aの形状。3x3の行列なので(3, 3)
```

```
>>> a.shape
(3, 3)
>>>
>>> # aの要素数。3x3なので要素数は9
>>> a.size
9
```

さらに、NumPyの多次元配列は配列同士の**結合**ができます。水平方向に結合するにはhstack、垂直方向に結合するにはvstackをそれぞれ利用します。

■サンプルコード：A-10-5

```
>>> # 3x1の配列を横に結合する
>>> a = [[1], [2], [3]]
>>> b = [[4], [5], [6]]
>>> np.hstack([a, b])
array([[1, 4],
       [2, 5],
       [3, 6]])
>>>
>>> # 1x3の配列を縦に結合する
>>> a = [1, 2, 3]
>>> b = [4, 5, 6]
>>> np.vstack([a, b])
array([[1, 2, 3],
       [4, 5, 6]])
```

NumPyでは、以下のようにTを使って**転置**した行列を得ることもできます。

■サンプルコード：A-10-6

```
>>> # 3x3の多次元配列(行列)を作る
>>> a = np.array([[1, 2, 3], [4, 5, 6], [7, 8, 9]])
>>> a
array([[1, 2, 3],
       [4, 5, 6],
       [7, 8, 9]])
>>>
```

```
>>> # aを転置する
>>> a.T
array([[1, 4, 7],
       [2, 5, 8],
       [3, 6, 9]])
```

Section 10 | Step 3 | ブロードキャスト

NumPyには配列の要素同士の演算に便利な**ブロードキャスト**と呼ばれる機能があります。通常NumPyの配列同士の演算を行うためには配列の形状が一致していなければなりませんが、演算を行う2つの配列間で形状をそろえられそうであれば形状をそろえた上で演算をする機能です。言葉では少しわかりにくいかと思いますので、以下にその例を示します。

■サンプルコード：A-10-7

```
>>> # 3x3の多次元配列(行列)を作る
>>> a = np.array([[1, 2, 3], [4, 5, 6], [7, 8, 9]])
>>>
>>> # aのすべての要素に10を足す
>>> a + 10
array([[11, 12, 13],
       [14, 15, 16],
       [17, 18, 19]])
>>>
>>> # aのすべての要素に3を掛ける
>>> a * 3
array([[ 3,  6,  9],
       [12, 15, 18],
       [21, 24, 27]])
```

これは内部的には、10や3などの数値を3x3の行列として扱い、要素ごとの計算がされています。

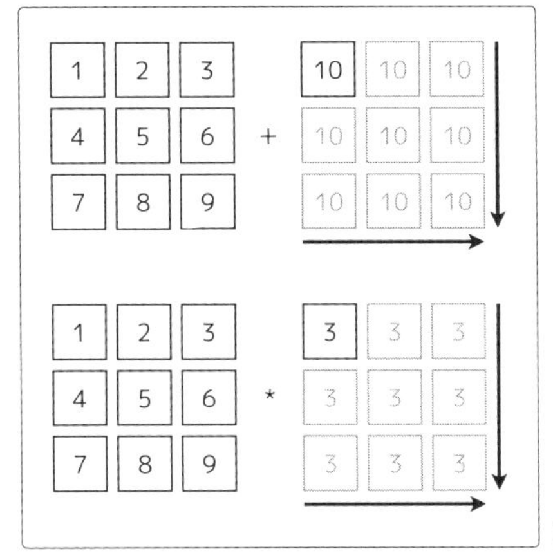

図A-17

ちなみにここでの掛け算は行列の掛け算ではなく、要素ごとの掛け算になります。このように要素ごとに演算を行うものはelement-wiseと呼ばれ、特に行列の掛け算とelement-wiseな掛け算は区別する必要がありますので注意してください。また、以下のようなブロードキャストパターンもあります。

■サンプルコード：A-10-8

```
>>> # aの各列をそれぞれ2倍、3倍、4倍する
>>> a * [2, 3, 4]
array([[ 2,  6, 12],
       [ 8, 15, 24],
       [14, 24, 36]])
>>>
>>> # aの各行をそれぞれ2倍、3倍、4倍する
>>> a * np.vstack([2, 3, 4])
array([[ 2,  4,  6],
       [12, 15, 18],
       [28, 32, 36]])
```

これは、内部的にはこのように拡張された配列として扱われ、要素ごとの計算がされています。

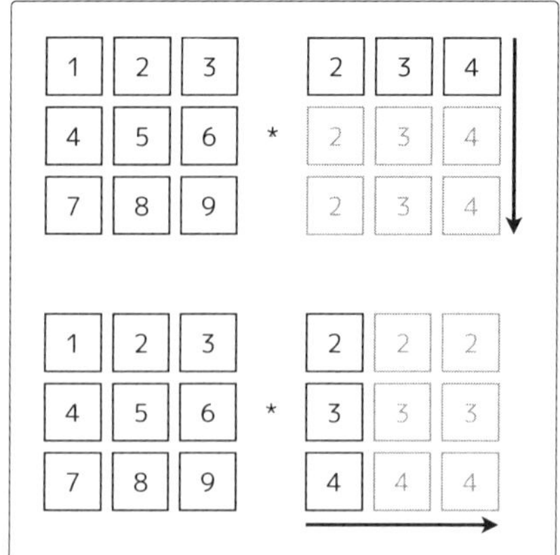

図A-18

記号

数字

A～C

D～H

I～L

M～O

P～S

Index

Profile

立石 賢吾（たていし けんご）

LINE Fukuoka株式会社データエンジニア。

佐賀大学卒業後に佐賀県内のシステム開発会社に入社、その後福岡の開発会社を経て、2014年にLINE Fukuoka株式会社へ入社。Webサービスや Androidアプリケーションの開発をこなしながら、レコメンドやテキスト分類など機械学習を使った開発経験を積んだ後、LINE Fukuokaにてデータ分析および機械学習を専門とする組織の立ち上げと同時に異動、以後現職に従事。

STAFF

ブックデザイン：霜崎 綾子

イラスト：はざくみ

DTP：シンクス

担当：伊佐 知子

やさしく学ぶ
機械学習を理解するための数学のきほん

2017年 9月28日 初版第1刷発行

2018年11月28日 第7刷発行

著者 LINE Fukuoka株式会社 立石 賢吾

発行者 滝口 直樹

発行所 株式会社マイナビ出版

〒101-0003 東京都千代田区一ツ橋2-6-3 一ツ橋ビル 2F

TEL：0480-38-6872（注文専用ダイヤル）

TEL：03-3556-2731（販売）

TEL：03-3556-2736（編集）

E-Mail：pc-books@mynavi.jp

URL：http://book.mynavi.jp

印刷・製本 シナノ印刷株式会社

ISBN978-4-8399-6352-1